なるほどフーリエ解析

村上 雅人 著

なるほどフーリエ解析

海鳴社

はじめに

　フーリエがはじめて、フーリエ級数展開の手法を開発したころ、まわりの数学者から、その証明の杜撰さを非難されたという話を聞いたことがある。当時のフーリエの手法は、任意の周期関数を三角関数（サインやコサイン）の組み合わせで表すというものであった。フーリエはすべての周期関数に対して彼の手法が適用できると主張していたのに対し、それに異を唱える数学者も多かったのである。
　現代数学のち密な定義や証明方法からみると、「フーリエの方法は、確かに稚拙と言われてもしかたがない」と書かれているのを読んだことがある。しかし、フーリエの手法が画期的なものであることは誰も否定しないであろう。それに、フーリエの手法で解析できない関数もあるが、それは関数と言っても特殊なかたちをしたもので、実用的にはあまり役に立たないものである。フーリエの手法が適用できる範囲を明確にしたいという気持ちも分からないでもないが、それよりは、この手法をいかに利用するかを考える方が建設的である。なにしろ、いまだにこの問題は解決していない。（本文で紹介するが、フーリエ級数展開が適用できる関数の必要条件は分かっているが、十分条件は分かっていないのである。）
　往々にして、大きなブレイクスルーというのは、まずトライしてみるという姿勢から生まれる。はじめからできないと決めていて挑戦するのを諦めたのでは、新しい分野を切り拓くことはできない。厳密な方法というと聞こえはいいが、重箱の隅をつつく操作に陥りがちで、数学の面白さを半減させるものである。
　数学の教科書をひもとくと、必ず定理と証明（多くの場合証明が省略されていたり、あるいは大幅に証明の過程をはしょっているケースが多いが）というパターンがくり返される。しかも、定理が成立する条件は細かく規定さ

れているが、その定理がどのような意味を持ち、どのような応用に結びつくかという肝心の部分が詳しく書かれてはいない。

　数学の手法というのは、抽象的な定理や定義を教わるよりも、それを具体的に使いこなして、はじめて体得できるものである。

　フーリ解析も使いこなすことが重要である。ところが、フーリエ解析は逆の問題にも直面する。それは、理工系への応用が広範囲にわたって進んだため、その機械的な利用方法は紹介されていても、それがどのように現在の応用へと発展したかの道筋が不明確であるという問題である。中でもフーリエ変換の手法は物理数学においてさかんに利用されるが、これはいったい何ものだと思っているひとが多いと聞く。

　本書は、フーリエ解析の基礎の部分と応用分野の間のギャップを埋める目的で書かれたものである。かくいう著者も、あいまいなかたちでしか、フーリエ級数展開やフーリエ変換を紹介せざるを得ない場面を経験している。例えば、量子力学において、フーリエ変換を使う場合があるが、途中で量子力学の話を中断して、フーリエ変換の説明に時間を割くというわけにはいかないからである。そこで、本書では、フーリエ級数展開の手法と、それがフーリエ変換へと発展した過程を詳しく解説した。さらに、これら手法が具体的にどのように応用されるかも紹介している。本書を通してフーリエ解析の意味と、その効用を実感していただければ幸いである。

　最後に、本書の出版に際して、超電導工学研究所の小林忍さんと、海鳴社の辻信行氏に大変お世話になったことを感謝する。

$$2001 \text{ 年 } 9 \text{ 月} \qquad \text{著　者}$$

もくじ

はじめに ……………………………………………………………… 5

序章　フーリエ解析とは ………………………………………… 9

第 1 章　級数展開 …………………………………………………… 15
 1.1.　ベキ級数展開　15
 1.2.　指数関数の展開　19
 1.3.　三角関数の展開式　21
 1.4.　級数展開による微分方程式の解法　22
 1.5.　級数展開を利用した微分の解法　26
 1.6.　級数展開を利用した積分　29
 1.7.　オイラーの公式　31
 1.8.　複素平面と極形式　35
 1.9.　級数の収束　38

第 2 章　フーリエ級数展開 ……………………………………… 45
 2.1.　フーリエ級数展開とは　47
 2.2.　フーリエ係数の求め方　49
 2.3.　直交関数系　54
 2.4.　フーリエ級数展開の一般式　59
 2.5.　任意周期のフーリエ級数展開　77
 2.6.　フーリエ級数展開式の微積分　81
 2.7.　フーリエサインおよびコサイン級数　89
 2.8.　2 重フーリエ級数展開　92
 2.9.　フーリエ級数は万能か　94
 2.10.　フーリエ級数展開のまとめ　95
 補遺 2-1　三角関数の加法定理　96
 補遺 2-2　関数の内積　98

第 3 章　フーリエ級数展開による微分方程式の解法 ……… 103
 3.1.　偏微分方程式　103

  3.2.　熱伝導方程式　107
  3.3.　波動方程式　114
  3.4.　ラプラス方程式　121

第 4 章　複素フーリエ級数展開・・・・・・・・・・・・・・・・・・・・・・・・・・・・136
  4.1.　複素フーリエ級数展開　136
  4.2.　複素フーリエ係数　140
  4.3.　任意周期の複素フーリエ級数　148
  4.4.　２重フーリエ級数　151
  4.5.　パーシバルの等式　151

第 5 章　フーリエ積分とフーリエ変換・・・・・・・・・・・・・・・・・・・・・158
  5.1.　フーリエ級数からフーリエ積分への拡張　158
  5.2.　フーリエ積分における周期の考え方　164
  5.3.　フーリエ積分におけるフーリエ係数　166
  5.4.　フーリエ変換　169
  5.5.　変数変換としてのフーリエ変換　182
  補遺 5-1　区分求積法と積分　187
  補遺 5-2　デルタ関数　189
  補遺 5-3　複素積分　194

第 6 章　フーリエ変換の応用・・・・・・・・・・・・・・・・・・・・・・・・・・・・・201
  6.1.　フーリエ変換の特徴　201
  6.2.　フーリエ変換の合成積　204
  6.3.　フーリエ変換による偏微分方程式の解法　206
  6.4.　フーリエサイン変換とフーリエコサイン変換　211
  補遺 6-1　ガウスの積分公式　220

第 7 章　ラプラス変換・・・・・・・・・・・・・・・・・・・・・・・・・・・・・・・・・・・226
  7.1.　ラプラス変換の定義　226
  7.2.　ラプラス変換による微分方程式の解法　237
  7.3.　ラプラス変換の利用分野　240
  補遺 7-1　ラプラス逆変換　243

  索　　引・・246

序章　フーリエ解析とは

フーリエ解析 (Fourier analysis) という手法は、基本的には波の解析を行う数学的手法である。それならば、あまり応用範囲は広くないと思われそうだが、これだけ工学応用が進んだ数学手法もないだろうと思われるくらい、広い範囲に利用されている。

これは、ひとえに工学分野で使う多くの物理現象が振動をともなうので、波の解析方法が重要であるということに起因している。そもそも、我々が情報を伝達するのに使う音 (sound) や電波 (electric wave) も波である。その解析には、フーリエの手法が頻繁に利用される。残念ながら、ほとんどの工学応用では、フーリエ解析が表に出ることはなく、ブラックボックス化されている。このため、その恩恵に浴している研究者でさえも、その基本をよく理解していない場合が多い。

声紋 (voice print) という用語がある。これは、指紋 (finger print) からの援用である。ひとの声を分析して得られる、波のかたちのことを言う。録

図 0-1　音やひとの声は波でできている。普通の音は複雑な波のかたちをしている。フーリエの手法を使うと、この複雑な波を解析することができる。

音された声からひとを識別するとき、この声紋を利用する。ひとの声をはじめとして、われわれの耳に届く音の波は図 0-1 に示すような、複雑なかたちをしている。これが、あるひとから発せられたものかどうかを調べようとするとき、ただ単にかたちが似ているということだけでは不十分である。それなら、どうするか。実は、この複雑なかたちをした波も、きちんと解析すれば図 0-2 のような単純な波（サインやコサインの波）の重ね合わせ (superposition) であることが分かる。この単純な波がどれくらい含まれているかを調べることで、声の正確な解析ができるのである。このように、複雑な波の中にどれくらい単純な波が含まれているかを調べる手法がフーリエ解析の手法である。最近では、日本人とアメリカ人の英語の発音を科学的に解析して、それを英語上達に利用しようという研究もある。

フーリエ解析は医療分野でも大活躍している。多くの大病院には人体を解剖せずに、そのからだを 3 次元的に診断できる装置が整備されている。これを磁気断層撮影装置 (magnetic resonance imager: MRI) と呼んでいる。特に超伝導磁石 (superconducting magnet) から発生する強い磁場を利用すると、高解像の画像が得られることから、大病院が競って導入している。この装置に利用される画像処理もフーリエ解析のおかげで可能となったものである[1]。

MRI 装置では、磁場を加えた状態で、人体にいろいろな方向から光をあて、透過する光を測定する。すると、光の吸収率が場所によって異なるため、それを像として観察することができるのである。しかし、人体は 3 次元の大きさを持つので、それを透過してきた光の信号はいろいろな部位の情報を含んでいる。この光の信号を解析するのにフーリエ解析の手法が利用される。

光は電磁波であり、波の一種である。ふつうの光はいろいろな振動（周波数）の波を含んでおり、それを単純な波がどれくらい含まれているかを決める操作がフーリエ解析である。このような作業をスペクトル分析 (spectrum analysis) と呼んでいる。身近な例を紹介すれば、太陽光をスペク

---

[1] フーリエ解析の手法を利用した医療用画像処理技術の発明により、コーマックとハウンスフィールドのふたりの研究者にノーベル生理医学賞が授与されている。

序章　フーリエ解析とは

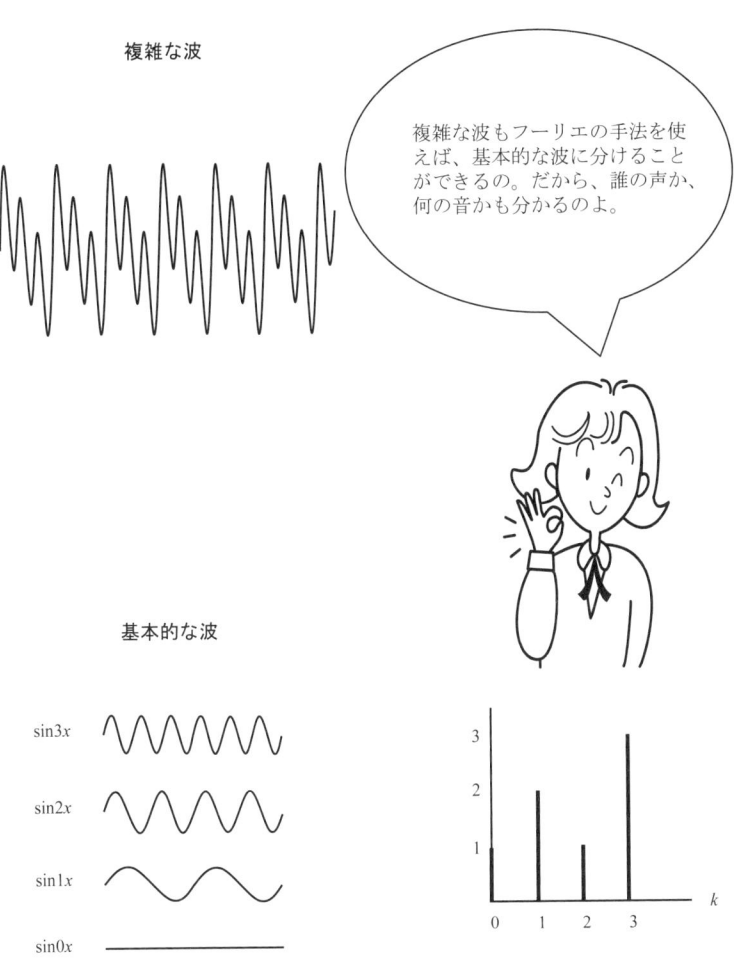

図 0-2　ひとの声などの複雑な波も、フーリエの手法をつかって分析すると基本的な波の重ね合わせであることが分かる。基本波に分解してしまえば、簡単に解析ができるし、誰の声か、何の音なのかの区別がついてしまう。

トル分光すれば7色の光に分解できる。この分光が自然で起きている現象が虹であり、人為的に行う装置がプリズムである。

MRIでも、体を透過するいろいろな光（正確には電磁波）をフーリエの手法で分析し、単純な波の組み合わせに分解する。そのうえで、必要な情報の信号を取り出し、再びもとの波に戻すことで、鮮明な像を得るのである。（実際には、本書で紹介するフーリエ変換とフーリエ逆変換という手法を使う。）

声の分析や、MRI装置以外にも、いろいろな分析装置で、波の解析が行われている。スペクトロスコピー (spectroscopy) という名前がついている機器を御存じであろう。これは日本語では分光法と訳されるが、この名前がついた分析機器ではフーリエ解析の手法を利用していることが多い。

ところで、フーリエ解析を発明したフーリエは、彼の手法がこれだけ多くの工学応用につながるとは予測していなかったと思われる。もともと、フーリエはこの手法を使い、熱方程式 (heat equation) と呼ばれる熱伝導 (thermal conductivity) を支配する偏微分方程式の解法を行った。実際に、工学応用だけではなく、フーリエ解析は偏微分方程式の数学解法にも利用されている。冒頭で紹介したように、現代物理では、多くの物理現象が波で表現されるという側面を有しており、そのためにフーリエの手法がこれだけ広範囲に利用されるようになったのである。20世紀物理界における最大の成果と呼ばれる量子力学 (quantum mechanics) においてもフーリエ解析の手法が重宝されている。それは、量子力学では、粒子と考えられている電子に波の性質があるということを基本としているからである。

しかし、皮肉なことに、フーリエ解析の手法は応用範囲が広いだけに、逆に初学者に大きな混乱を与えている。それは、フーリエ解析には、フーリエ級数展開 (Fourier series expansion)、フーリエ積分 (Fourier integral)、フーリエ変換 (Fourier transform) というように、基本は同じものの、利用する条件や場所などによって使いわけが必要な概念が混在しているからである。しかも、すべての手法にフーリエという名前がついているので、余計混乱を与える。教科書によっては、これら手法の関連性や違いの説明がないものが多い。級数展開のみの解説で終わっているものや、導入部分がないまま、いきなりフーリエ変換の説明を行う場合も見受けられる。

序章　フーリエ解析とは

図 0-3　フーリエ解析には、フーリエ級数展開、フーリエ積分、フーリエ変換などのように、同じフーリエという名前がついていても異なる手法が混在している。

　かく言う著者自身が前著（「なるほど虚数」、「なるほど微積分」、「なるほど線形代数」）では、フーリエ解析の手法について、中途半端な説明で終えてしまっている。このため、どうしてもフーリエ解析のくわしい解説が必要と痛感していた。

　フーリエ解析の手法を理解するためには、まずサイン、コサインによるフーリエ級数展開を基本として、それがフーリエ積分、フーリエ変換へと発展する過程をよく理解する必要がある。そのうえで、これら手法が、どのような特徴のもとで、どういった微分方程式の解法に役立つのかを体験する必要がある。

　こうすれば、つぎのステップであるフーリエ変換が有する変数変換という特徴を利用した応用を理解することができる。

　本書では、これら概念の違いが明確に分かるような構成とした。特に、フーリエ級数展開からフーリエ変換への拡張の過程を、その意味も含めて詳しく紹介している。そして、多くのひとが抱えている疑問、なぜフーリエ変換に $1/2\pi$ が係数としてつくのかも明らかとなるはずである。

　また、フーリエ変換とよく似た手法であるラプラス変換 (Laplace transform) についても簡単に紹介している。この手法も、基本的にはフーリエ変換の手法が理解できれば、それほど苦労せずに、その骨格を理解することができる。

第 1 章　級数展開

　本書の目的はフーリエ解析 (Fourier analysis) を理解することである。フーリエ解析の基本は、一般の関数 $F(x)$ を三角関数 (trigonometric function) や指数関数 (exponential function) で展開する作業にある。これをフーリエ級数展開 (Fourier series expansion) と呼んでいる。いったん関数が、初等関数の級数のかたちに変形できると、その後の取り扱いが便利となる。例えば、項別に微分積分を行うことが可能となる。また、後で紹介するように、級数展開式を利用して微分方程式 (differential equation) [1] の解法を行うことも可能である。さらに、フーリエ級数展開そのものが、複雑な波を基本振動数の整数倍の波の組み合わせに分解（スペクトル分解）するという操作となっている。

　フーリエ級数展開を理解するためには、下準備として関数のべき級数展開 (power series expansion) を理解しておく必要がある。さらに、級数展開を利用して得られる指数関数と三角関数の対応関係であるオイラーの公式 (Euler's formula) もフーリエ解析には重要な道具となる。

　そこで、本章では、まず最初にべき級数展開の説明を行い、その後、級数展開を利用してオイラーの公式の導出を試みる。

1.1.　べき級数展開

　級数展開とは、関数 $f(x)$ を、次のような（無限の）べき級数 (power series)

---

[1] フーリエが最初にフーリエ級数展開を考え出したのは、熱伝導（thermal conductivity）に関する偏微分方程式（partial differential equation）を解くためであった。

の多項式 (polynomial) に展開する手法である。

$$f(x) = a_0 + a_1 x + a_2 x^2 + a_3 x^3 + a_4 x^4 + a_5 x^5 + ...$$

　いったん、関数がこういうかたちに変形できれば、取り扱いが便利である。例えば、微分と積分が項別に簡単に行える。もちろん、すべての関数が、こう変形できるわけではないが、理工系の数学において重要な指数関数や三角関数が無限べき級数 (infinite power series) への展開が可能であるため、その波及効果が大きい。

　ただし、級数展開を実際に使うときには、もちろん無限の計算をするわけではない。例えば、関数どうしの関係を調べる時は、この無限多項式の規則性を見つけたうえで、それを一般式に直して比較検討するのが通例である。また、実際の計算に利用する時には、最初の数項しか計算しない。ほとんどの場合、それで関数の値を近似できる。あえて言えば、それでうまく近似できない関数にはこの手法を使う意味がない。数学の手法には万能というものはなく、時と場合によってうまく使い分けているのである。

　さて、関数を展開するには、それぞれの係数を求めなければならない。それでは、どのような手法で、係数は得られるのであろうか。それを次に示す。

　まず級数展開の式に $x = 0$ を代入する。すると、x を含んだ項がすべて消えるので

$$f(0) = a_0$$

となって、最初の定数項 (first constant term) が求められる。次に、$f(x)$ を x で微分すると

$$f'(x) = a_1 + 2a_2 x + 3a_3 x^2 + 4a_4 x^3 + 5a_5 x^4 + ...$$

となる。この式に $x = 0$ を代入すれば

$$f'(0) = a_1$$

となって、a_2 以降の項はすべて消えて、a_1 が求められる。

同様にして、順次微分を行いながら、$x = 0$ を代入していくと、それ以降の係数がすべて計算できる。例えば

$$f''(x) = 2a_2 + 3\cdot 2a_3 x + 4\cdot 3a_4 x^2 + 5\cdot 4a_5 x^3 + ...$$
$$f'''(x) = 3\cdot 2a_3 + 4\cdot 3\cdot 2a_4 x + 5\cdot 4\cdot 3a_5 x^2 + ...$$

であるから、$x = 0$ を代入すれば、それぞれ a_2, a_3 が求められる。

よって、級数展開式の係数は

$$a_0 = f(0) \quad a_1 = f'(0) \quad a_2 = \frac{1}{1\cdot 2}f''(0) \quad a_3 = \frac{1}{1\cdot 2\cdot 3}f'''(0)$$

$$\cdots\cdots\cdots \quad a_n = \frac{1}{n!}f^n(0)$$

で与えられ、展開式は

$$f(x) = f(0) + f'(0)x + \frac{1}{2!}f''(0)x^2 + \frac{1}{3!}f'''(0)x^3 + ... + \frac{1}{n!}f^{(n)}(0)x^n + ...$$

となる。これをまとめて書くと一般式 (general form)

$$f(x) = \sum_{n=0}^{\infty}\frac{1}{n!}f^{(n)}(0)x^n$$

が得られる。

演習 1-1 $f(x) = 2x^4 + x^3 + 2x^2 + 3x + 4$ を級数展開せよ。

解）　まず $f(0) = 4$ である。次に

$$f'(x) = 8x^3 + 3x^2 + 4x + 3 \quad f''(x) = 24x^2 + 6x + 4$$
$$f'''(x) = 48x + 6 \quad f^{(4)}(x) = 48 \quad \ldots\ldots \quad f^{(n)}(0) = 0$$

であるから、$x = 0$ を代入すると

$$f'(0) = 3 \quad f''(0) = 4 \quad f'''(0) = 6 \quad f^{(4)}(0) = 48$$

と与えられる。よって $f(x)$ は

$$f(x) = 4 + 3x + \frac{1}{2!}4x^2 + \frac{1}{3!}6x^3 + \frac{1}{4!}48x^4 + 0 \ldots = 4 + 3x + 2x^2 + x^3 + 2x^4$$

と展開できる。当たり前であるが、多項式を展開すれば、もとの関数が得られる。

演習 1-2　$(1+x)^n$ を級数展開せよ。

解）　$f(x) = (1+x)^n$ と置いて、その導関数を求める。

$$f'(x) = n(1+x)^{n-1} \quad f''(x) = n(n-1)(1+x)^{n-2} \quad f'''(x) = n(n-1)(n-2)(1+x)^{n-3}$$
$$f^{(4)}(x) = n(n-1)(n-2)(n-3)(1+x)^{n-4} \quad \cdots \quad f^{(n)}(x) = n! \quad f^{(n+1)}(x) = 0$$

となる。ここで $x = 0$ を代入すると

$$f'(0) = n \quad f''(0) = n(n-1) \quad f'''(0) = n(n-1)(n-2)$$
$$f^{(4)}(0) = n(n-1)(n-2)(n-3) \quad \cdots \quad f^{(n)}(0) = n!$$

となり、$(n+1)$ 次以上の項の係数はすべて 0 となる。これを

$$f(x) = f(0) + f'(0)x + \frac{1}{2!}f''(0)x^2 + \frac{1}{3!}f'''(0)x^3 + ... + \frac{1}{n!}f^{(n)}(0)x^n$$

に代入すると

$$f(x) = 1 + nx + \frac{1}{2!}n(n-1)x^2 + \frac{1}{3!}n(n-1)(n-2)x^3 + ... + x^n$$

となる。これを一般式でかけば

$$f(x) = (1+x)^n = \sum_{k=0}^{n} \frac{n!}{k!(n-k)!}x^k$$

が得られる。これは、2 項定理 (binomial theorem) と呼ばれるよく知られた関係である。

$$\frac{n!}{k!(n-k)!} = \binom{n}{k}$$

と書くこともでき

$$(1+x)^n = \sum_{k=0}^{n} \binom{n}{k} x^k$$

と表記される。

1.2. 指数関数の展開

級数展開の一般式を見ると分かるように、展開するためには n 階の導関数 (nth order derivative) を求める必要がある。よって、その導関数を求める計算が複雑な関数では級数展開する意味がない。逆に言えば、n 階の微分が簡単にできる関数のみが、その対象となる。

このような関数の代表が指数関数 (exponential function) である。なぜな

ら、指数関数 e^x では、微分 (differentiation) したものがそれ自身になるように定義されているからである。

確認の意味で、その関係を示すと

$$\frac{df(x)}{dx} = \frac{de^x}{dx} = e^x = f(x) \qquad \frac{d^2 f(x)}{dx^2} = \frac{d}{dx}\left(\frac{df(x)}{dx}\right) = \frac{de^x}{dx} = e^x$$

となって e の場合は、$f^{(n)}(x) = e^x$ と簡単となる。ここで、$x = 0$ を代入すると、すべて $f^{(n)}(0) = e^0 = 1$ となる。よって、e の展開式は

$$e^x = 1 + x + \frac{1}{2!}x^2 + \frac{1}{3!}x^3 + \frac{1}{4!}x^4 + \dots + \frac{1}{n!}x^n + \dots = \sum_{n=0}^{\infty} \frac{x^n}{n!}$$

で与えられることになる。規則正しい整然とした展開式となっている。ためしに、この展開式の最初の3項および4項をグラフにすると、図1-1に示すように、$y = e^x$ のグラフに漸近していくことが分かる。

ここで、e^x の展開式を利用すると自然対数 (natural logarithm) の底 (base) である e の値を求めることができる。e^x の展開式に $x = 1$ を代入すると

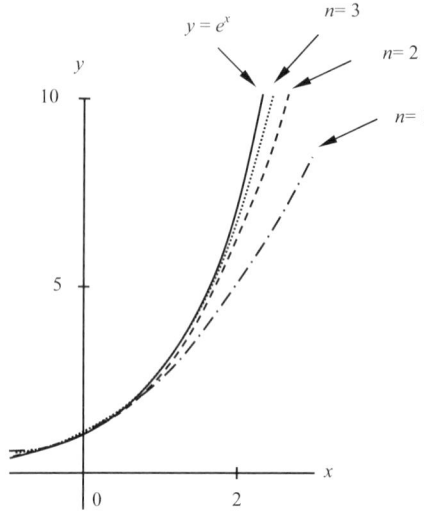

図 1-1　$y = \exp(x)$ の漸近の様子

$$e = 1 + 1 + \frac{1}{2} + \frac{1}{6} + \frac{1}{24} + \ldots$$

これを計算すると

$$e = 2.718281828\ldots\ldots$$

が得られる。このように、級数展開を利用すると、無理数 (irrational number) の e の値を求めることも可能となる。

1.3.　三角関数の展開式

　三角関数 (trigonometric function) も級数展開を行うと便利なことが多い。そこで、その展開を試みる。まず $f(x) = \sin x$ を考える。この場合

$$f'(x) = \cos x \quad f''(x) = -\sin x \quad f'''(x) = -\cos x$$
$$f^{(4)}(x) = \sin x \quad f^{(5)}(x) = \cos x \quad f^{(6)}(x) = -\sin x$$

となり、4回微分するともとに戻る。その後、順次同じサイクルを繰り返す。ここで、$\sin 0 = 0, \cos 0 = 1$ であるから、

$$\sin x = x - \frac{1}{3!}x^3 + \frac{1}{5!}x^5 - \frac{1}{7!}x^7 + \ldots + (-1)^n \frac{1}{(2n+1)!} x^{2n+1} + \ldots$$

と展開できることになる。級数展開の便利な点は、最初の数項でめどが立つ場合に、近似が簡単にできる点にある。実際に、この近似式を使って $y = \sin x$ のグラフと比較してみると、図1-2に示すように、最初の3項までで、かなりよい近似が得られることが分かる。
　次に $f(x) = \cos x$ について展開式を考えてみよう。この場合の導関数は

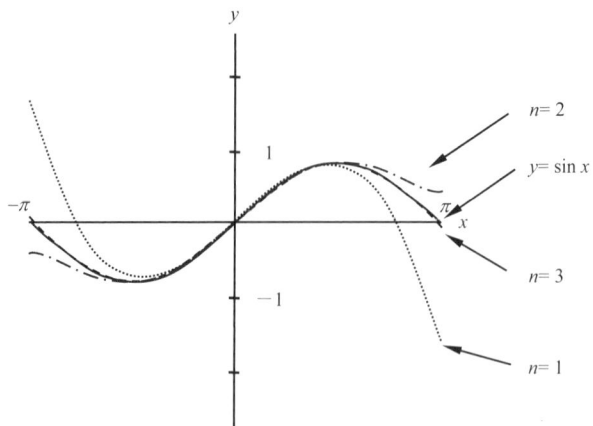

図 1-2　sin x の級数展開式の漸近の様子。

$$f'(x) = -\sin x \quad f''(x) = -\cos x \quad f'''(x) = \sin x$$
$$f^{(4)}(x) = \cos x \quad f^{(5)}(x) = -\sin x \quad f^{(6)}(x) = -\cos x$$

で与えられ、sin 0 = 0, cos 0 = 1 であるから

$$\cos x = 1 - \frac{1}{2!}x^2 + \frac{1}{4!}x^4 - \frac{1}{6!}x^6 + ... + (-1)^n \frac{1}{(2n)!}x^{2n} + ...$$

となる。図 1-3 に級数展開による漸近の様子を示す。

1. 4.　級数展開による微分方程式の解法

　一般の関数は、微分を利用することで、級数展開が可能になる。なぜ級数展開するかというと、普通の方法では解法の難しい微分方程式 (differential equation) を解く足掛かりが簡単に得られるからである。

第 1 章　級数展開

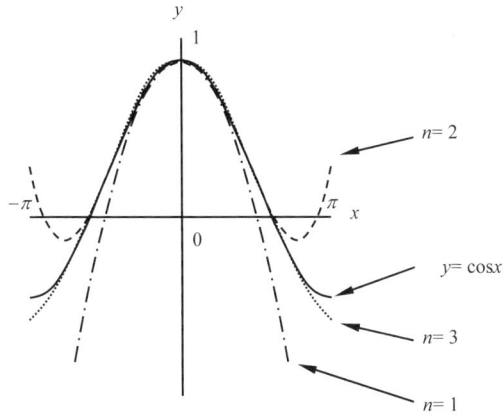

図 1-3　$\cos x$ の級数展開式の漸近の様子。

例えば、つぎのような微分方程式が与えられたとしよう。

$$\frac{d^2x}{dt^2} + \omega^2 x = 0 \qquad (\omega > 0)$$

これは、有名な単振動 (simple harmonic motion) の微分方程式である。これを級数展開を利用して解くために、x を

$$x = a_0 + a_1 t + a_2 t^2 + a_3 t^3 + a_4 t^4 + a_5 t^5 + \ldots + a_n t^n + \ldots$$

のように t に関する多項式 (polynomial) と置く。すると

$$\frac{dx}{dt} = a_1 + 2a_2 t + 3a_3 t^2 + 4a_4 t^3 + 5a_5 t^4 + \ldots + na_n t^{n-1} + \ldots$$

$$\frac{d^2x}{dt^2} = 2a_2 + 3 \cdot 2a_3 t + 4 \cdot 3a_4 t^2 + 5 \cdot 4a_5 t^3 + \ldots + n(n-1)a_n t^{n-2} + \ldots$$

となるので、これを最初の微分方程式に代入する。

$$\frac{d^2x}{dt^2} = 2a_2 + 3\cdot 2a_3 t + 4\cdot 3a_4 t^2 + 5\cdot 4a_5 t^3 + ... + n(n-1)a_n t^{n-2} + ...$$

$$\omega^2 x = \omega^2 a_0 + \omega^2 a_1 t + \omega^2 a_2 t^2 + \omega^2 a_3 t^3 + \omega^2 a_4 t^4 + \omega^2 a_5 t^5 + ... + \omega^2 a_n t^n + ...$$

これを全部足して、t で整理すると

$$(2a_2 + \omega^2 a_0) + (3\cdot 2a_3 + \omega^2 a_1)t + (4\cdot 3a_4 + \omega^2 a_2)t^2$$
$$+ (5\cdot 4a_5 + \omega^2 a_3)t^3 + ... + [(n+2)(n+1)a_{n+2} + \omega^2 a_n]t^n + ... = 0$$

となる。この式がゼロになるためには、すべての係数 (coefficients) がゼロでなければならない。よって

$$2\cdot 1 a_2 + \omega^2 a_0 = 0$$
$$3\cdot 2 a_3 + \omega^2 a_1 = 0$$
$$4\cdot 3 a_4 + \omega^2 a_2 = 0$$
$$5\cdot 4 a_5 + \omega^2 a_3 = 0$$
$$...$$
$$n(n-1)a_n + \omega^2 a_{n-2} = 0$$
$$(n+1)n a_{n+1} + \omega^2 a_{n-1} = 0$$
$$(n+2)(n+1)a_{n+2} + \omega^2 a_n = 0$$

の関係が得られる。ここで、それぞれの係数は

$$a_2 = -\frac{1}{2\cdot 1}\omega^2 a_0$$
$$a_3 = -\frac{1}{3\cdot 2}\omega^2 a_1$$
$$a_4 = -\frac{1}{4\cdot 3}\omega^2 a_2 = \frac{1}{4\cdot 3\cdot 2\cdot 1}\omega^4 a_0 = \frac{1}{4!}\omega^4 a_0$$
$$a_5 = -\frac{1}{5\cdot 4}\omega^2 a_3 = \frac{1}{5\cdot 4\cdot 3\cdot 2}\omega^4 a_1 = \frac{1}{5!}\omega^4 a_1$$

$$a_6 = -\frac{1}{6 \cdot 5}\omega^2 a_4 = -\frac{1}{6!}\omega^6 a_0$$

$$a_7 = -\frac{1}{7 \cdot 6}\omega^2 a_5 = -\frac{1}{7!}\omega^6 a_1$$

$$.......$$

$$a_{2n} = (-1)^n \frac{1}{2n!}\omega^{2n} a_0$$

$$a_{2n+1} = (-1)^n \frac{1}{(2n+1)!}\omega^{2n} a_1$$

のように、a_0 あるいは a_1 で表される。よって解は、a_0 および a_1 を任意の定数として

$$x = a_0\left(1 - \frac{\omega^2}{2!}t^2 + \frac{\omega^4}{4!}t^4 - \frac{\omega^6}{6!}t^6 + ... + (-1)^n \frac{\omega^{2n}}{2n!}t^{2n} + ...\right)$$

$$+ a_1\left(t - \frac{\omega^2}{3!}t^3 + \frac{\omega^4}{5!}t^5 - \frac{\omega^6}{7!}t^7 + ... + (-1)^n \frac{\omega^{2n}}{(2n+1)!}t^{2n+1} + ...\right)$$

となるがさらに次のような変換をする。

$$x = a_0\left(1 - \frac{\omega^2}{2!}t^2 + \frac{\omega^4}{4!}t^4 - \frac{\omega^6}{6!}t^6 + ... + (-1)^n \frac{\omega^{2n}}{2n!}t^{2n} + ...\right)$$

$$+ \frac{a_1}{\omega}\left(\omega t - \frac{\omega^3}{3!}t^3 + \frac{\omega^5}{5!}t^5 - \frac{\omega^7}{7!}t^7 + ... + (-1)^n \frac{\omega^{2n+1}}{(2n+1)!}t^{2n+1} + ...\right)$$

ここで、sin と cos の展開を再び書くと

$$\sin x = x - \frac{1}{3!}x^3 + \frac{1}{5!}x^5 - \frac{1}{7!}x^7 + ... + (-1)^n \frac{1}{(2n+1)!}x^{2n+1} + ...$$

$$\cos x = 1 - \frac{1}{2!}x^2 + \frac{1}{4!}x^4 - \frac{1}{6!}x^6 + ... + (-1)^n \frac{1}{(2n)!}x^{2n} + ...$$

であったから、一般解は

$$x(t) = a_0 \cos \omega t + \frac{a_1}{\omega} \sin \omega t$$

で与えられることが分かる。

このように、級数展開を利用して微分方程式を解く方法は非常に汎用性が高いうえ、あえて言えば究極の技術である。なぜなら、実際の自然現象を解析していると、複雑な微分方程式になる場合が多く、これを初等関数で解くことなどできないからである。

もちろん、級数展開を使ったからといって、今回の例のようなきれいなかたちの解がいつも得られるわけではない。級数展開を利用する利点は、たとえ、それがうまくいかない場合でも、微分方程式の解が、どのような特徴を持つかということを係数間の関係から調べることができる点にある。あるいは、正しい解が得られない場合でも、なんとか真の解に近いもの（これを近似解と呼んでいる）を求めることが可能となる点も重要である。

級数展開には、以上のべき級数展開の他に、三角関数や指数関数で級数展開する場合もある。その代表例が本書の主題であるフーリエ級数展開である。これは第2章で紹介する。

1.5. 級数展開を利用した微分の解法

いったん、与えられた関数を x のべき級数 (power series) のかたちに変形できると、その微分 (differentiation) や積分 (integration) を簡単に行うことができる。その後、微分あるいは積分したべき級数を、他の関数の級数展開と比較することで解を得ることが可能となる場合もある。その例をいくつか紹介する。

1.5.1. 三角関数の微分

前節でも取り扱ったが、$\sin x$ の級数展開は以下で与えられる。

$$\sin x = x - \frac{1}{3!}x^3 + \frac{1}{5!}x^5 - \frac{1}{7!}x^7 \ldots + (-1)^n \frac{1}{(2n+1)!} x^{2n+1} + \ldots$$

これを x で微分してみよう。すると

$$\frac{d(\sin x)}{dx} = 1 - \frac{1}{3!}\cdot 3x^2 + \frac{1}{5!}\cdot 5x^4 - \frac{1}{7!}\cdot 7x^6 + \ldots + (-1)^n \frac{1}{(2n+1)!}\cdot(2n+1)x^{2n} + \ldots$$

となり、右辺を整理すると

$$1 - \frac{1}{2!}x^2 + \frac{1}{4!}x^4 - \frac{1}{6!}x^6 + \ldots + (-1)^n \frac{1}{(2n)!}x^{2n} + \ldots$$

となって、まさに $\cos x$ であることが分かる。すなわち

$$\frac{d(\sin x)}{dx} = \cos x$$

という結果が得られる。同様にして、$\cos x$ の微分を求めてみよう。

$$\cos x = 1 - \frac{1}{2!}x^2 + \frac{1}{4!}x^4 - \frac{1}{6!}x^6 + \ldots + (-1)^n \frac{1}{(2n)!}x^{2n} + \ldots$$

であるから

$$\frac{d(\cos x)}{dx} = -\frac{1}{2!}\cdot 2x + \frac{1}{4!}\cdot 4x^3 - \frac{1}{6!}\cdot 6x^5 + \ldots + (-1)^n \frac{1}{(2n)!}\cdot 2nx^{2n-1} + \ldots$$

となる。この右辺を整理すると

$$-x + \frac{1}{3!}x^3 - \frac{1}{5!}x^5 + \frac{1}{7!}x^7 + \ldots + (-1)^n \frac{1}{(2n-1)!}x^{2n-1} + \ldots$$

となって、$-\sin x$ であることが分かる。よって

$$\frac{d(\cos x)}{dx} = -\sin x$$

で与えられる。

1. 5. 2. 指数関数の微分

次に指数関数の微分を級数展開を利用して実行してみよう。

$$e^x = 1 + x + \frac{1}{2!}x^2 + \frac{1}{3!}x^3 + \frac{1}{4!}x^4 + \ldots + \frac{1}{n!}x^n + \ldots$$

ここで、x で微分すると

$$\frac{d(e^x)}{dx} = 0 + 1 + \frac{1}{2!}\cdot 2x + \frac{1}{3!}\cdot 3x^2 + \frac{1}{4!}\cdot 4x^3 + \frac{1}{5!}\cdot 5x^4 + \ldots + \frac{1}{n!}\cdot nx^{n-1} + \ldots$$

となり、右辺を整理すると

$$1 + x + \frac{1}{2!}x^2 + \frac{1}{3!}x^3 + \frac{1}{4!}x^4 + \ldots + \frac{1}{n!}x^n + \ldots$$

となって、それ自身に戻る。つまり

$$\frac{d(e^x)}{dx} = e^x$$

が確かめられる。

このように、級数展開したものは、微分が容易であるから、級数展開した関数を微分することで、関数そのものの微分が可能になる場合もある。

1.6. 級数展開を利用した積分

　関数をべき級数に展開できれば、項別積分を利用することで、その積分を求めることもできる。例として三角関数から紹介する。$\sin x$ は

$$\sin x = x - \frac{1}{3!}x^3 + \frac{1}{5!}x^5 - \frac{1}{7!}x^7 + \cdots + (-1)^n \frac{1}{(2n+1)!}x^{2n+1} + \cdots$$

とべき級数展開することができる。これら各項を積分すると

$$\int \sin x \, dx = C + \frac{x^2}{2} - \frac{1}{3!}\cdot\frac{1}{4}x^4 + \frac{1}{5!}\cdot\frac{1}{6}x^6 - \frac{1}{7!}\cdot\frac{1}{8}x^8 + \cdots$$
$$+ (-1)^n \frac{1}{(2n+1)!}\cdot\frac{1}{2n+2}x^{2n+2} + \cdots$$

となる。最初の定数項は任意であるから、−1 を取り出して、書き直すと

$$\int \sin x \, dx = C - 1 + \frac{x^2}{2!} - \frac{1}{4!}x^4 + \frac{1}{6!}x^6 - \frac{1}{8!}x^8 + \cdots + (-1)^n \frac{1}{(2n+2)!}x^{2n+2} + \cdots$$

となって、まさに−$\cos x$ の級数展開式に積分定数 C がついたかたちとなっている。よって

$$\int \sin x \, dx = -\cos x + C$$

が得られる。同様にして

$$\int \cos x \, dx = \sin x + C$$

が得られる。次に指数関数は

$$e^x = 1 + x + \frac{1}{2!}x^2 + \frac{1}{3!}x^3 + \frac{1}{4!}x^4 + \cdots + \frac{1}{n!}x^n + \cdots$$

であるから、各項ごとに積分すると

$$\int e^x dx = C + x + \frac{x^2}{2} + \frac{1}{2!}\frac{x^3}{3} + \frac{1}{3!}\frac{x^4}{4} + ... + \frac{1}{n!}\frac{x^{n+1}}{n+1} + ...$$

$$= C + 1 + x + \frac{1}{2!}x^2 + \frac{1}{3!}x^3 + \frac{1}{4!}x^4 + ... + \frac{1}{n!}x^n + ...$$

であるから

$$\int e^x dx = e^x + C$$

となる。

演習 1-3　$\cos x$ を級数展開を利用して積分せよ。

解）　$\cos x$ の級数展開は

$$\cos x = 1 - \frac{1}{2!}x^2 + \frac{1}{4!}x^4 - \frac{1}{6!}x^6 + ... + (-1)^n \frac{1}{(2n)!}x^{2n} + ...$$

である。そこで、それぞれの項の積分を求めると

$$\int \cos x dx = C + x - \frac{1}{2!}\frac{x^3}{3} + \frac{1}{4!}\frac{x^5}{5} - \frac{1}{6!}\frac{x^7}{7} + ... + (-1)^n \frac{1}{2n!}\frac{x^{2n+1}}{2n+1} + ...$$

$$= C + x - \frac{1}{3!}x^3 + \frac{1}{5!}x^5 - \frac{1}{7!}x^7 + ... + (-1)^n \frac{1}{(2n+1)!}x^{2n+1} + ...$$

これは、まさに $\sin x$ の展開式であるから

$$\int \cos x\, dx = \sin x + C$$

となる。

1.7. オイラーの公式

フーリエ解析においては、オイラーの公式が非常に重要な役割を演じる。実は、オイラーの公式は実に多くの理工学分野で活躍しており、この公式がなければ、理工系の数学表現がこれだけ進展しなかったと考えられるほどである。

オイラーの公式とは次式のように、指数関数と三角関数を虚数を仲立ちにして関係づける公式である。

$$e^{\pm i\theta} = \cos\theta \pm i\sin\theta \qquad (\exp\pm i\theta = \cos\theta \pm i\sin\theta)$$

オイラーの公式に θ として π を代入してみよう。すると

$$e^{i\pi} = \cos\pi + i\sin\pi = -1 + i\cdot 0 = -1$$

という値が得られる。つまり、自然対数の底である e を $i\pi$ 乗したら -1 になるという摩訶不思議な関係である。e も π も無理数であるうえ、i は想像の産物である。にもかかわらず、その組み合わせから -1 という有理数が得られるというのだから神秘的である。

それぞれ独立に数学に導入された指数関数と三角関数が、虚数を介することで、いともきれいな関係を紡ぎ出している。このため、オイラーの公式を数学の最も美しい表現というひともいる。

演習 1-4 オイラーの公式をつかって、$\exp(i\pi/2)$, $\exp(i3\pi/2)$, $\exp(i2\pi)$を計算せよ。

解）オイラーの公式に代入して計算すると

$$\exp(i\frac{\pi}{2}) = \cos\frac{\pi}{2} + i\sin\frac{\pi}{2} = 0 + i \cdot 1 = i$$

$$\exp(i\frac{3\pi}{2}) = \cos\frac{3\pi}{2} + i\sin\frac{3\pi}{2} = 0 + i \cdot (-1) = -i$$

$$\exp(i2\pi) = \cos 2\pi + i\sin 2\pi = 1 + i \cdot 0 = 1$$

が得られる。

ここで、オイラーの関係がどうして成立するかを考えてみよう。あらためて e^x の展開式と $\sin x, \cos x$ の展開式を並べて示すと

$$e^x = 1 + x + \frac{1}{2!}x^2 + \frac{1}{3!}x^3 + \frac{1}{4!}x^4 + \frac{1}{5!}x^5 + \ldots + \frac{1}{n!}x^n + \ldots$$

$$\sin x = x - \frac{1}{3!}x^3 + \frac{1}{5!}x^5 - \frac{1}{7!}x^7 + \ldots + (-1)^n \frac{1}{(2n+1)!}x^{2n+1} + \ldots$$

$$\cos x = 1 - \frac{1}{2!}x^2 + \frac{1}{4!}x^4 - \frac{1}{6!}x^6 + \ldots + (-1)^n \frac{1}{(2n)!}x^{2n} + \ldots$$

となる。

これら展開式を見ると、e^x の展開式には $\sin x, \cos x$ のべき項がすべて含まれている。惜しむらくは $\sin$ や $\cos$ では $(-1)^n$ の係数のために、符号が順次反転するので、単純にこれらを関係づけることができない。ところが、虚数 (i) を使うと、この三者がみごとに連結されるのである。

指数関数の展開式に $x = ix$ を代入してみる。すると

第1章　級数展開

$$e^{ix} = 1 + ix + \frac{1}{2!}(ix)^2 + \frac{1}{3!}(ix)^3 + \frac{1}{4!}(ix)^4 + \frac{1}{5!}(ix)^5 + ... + \frac{1}{n!}(ix)^n + ...$$

$$= 1 + ix - \frac{1}{2!}x^2 - \frac{i}{3!}x^3 + \frac{1}{4!}x^4 + \frac{i}{5!}x^5 - \frac{1}{6!}x^6 - \frac{i}{7!}x^7 + ...$$

と計算できる。この実部 (real part) と虚部 (imaginary part) を取り出すと、実部は

$$1 - \frac{1}{2!}x^2 + \frac{1}{4!}x^4 - \frac{1}{6!}x^6 + ... + (-1)^n \frac{1}{(2n)!}x^{2n} + ...$$

であるから、まさに $\cos x$ の展開式となっている。一方、虚部は

$$x - \frac{1}{3!}x^3 + \frac{1}{5!}x^5 - \frac{1}{7!}x^7 + ... + (-1)^n \frac{1}{(2n+1)!}x^{2n+1} + ...$$

となっており、まさに $\sin x$ の展開式である。よって

$$e^{ix} = \cos x + i\sin x$$

という関係が得られることが分かる。

　これがオイラーの公式である。実数では、何か密接な関係がありそうだということは分かっていても、関係づけることが難しかった指数関数と三角関数が、虚数を導入することで見事に結びつけることが可能となるのである。

演習 1-5　オイラーの公式を利用して、次の三角関数に関する関係を導け。

$$\cos x = \frac{e^{ix} + e^{-ix}}{2} \qquad \sin x = \frac{e^{ix} - e^{-ix}}{2i}$$

解）　オイラーの公式から

$$e^{ix} = \cos x + i\sin x \qquad e^{-ix} = \cos x - i\sin x$$

となる。両辺の和と差をとると

$$e^{ix} + e^{-ix} = 2\cos x \qquad e^{ix} - e^{-ix} = 2i\sin x$$

となって、これを整理すれば

$$\cos x = \frac{e^{ix} + e^{-ix}}{2} \qquad \sin x = \frac{e^{ix} - e^{-ix}}{2i}$$

が得られる。

演習 1-6 オイラーの公式を利用して i^i（つまり $\sqrt{-1}^{\sqrt{-1}}$）を計算せよ。

解）　$i^i = k$ と置いて、両辺の対数をとると

$$i \ln i = \ln k$$

となる。ここで、オイラーの関係より $i = \exp i(\pi/2)$ であるから $\ln i$ に代入すると

$$i \ln i = i \cdot i \frac{\pi}{2} = i^2 \frac{\pi}{2} = -\frac{\pi}{2} \qquad \therefore -\frac{\pi}{2} = \ln k \qquad k = e^{-\frac{\pi}{2}}$$

となる。つまり

$$\sqrt{-1}^{\sqrt{-1}} = i^i = \exp(-\frac{\pi}{2})$$

と変形できる。ここで

$$e^x = 1 + x + \frac{1}{2!}x^2 + \frac{1}{3!}x^3 + \frac{1}{4!}x^4 + \frac{1}{5!}x^5 + ... + \frac{1}{n!}x^n + ...$$

の展開式の x に $-\pi/2$ を代入して計算すると

$$\sqrt{-1}^{\sqrt{-1}} = i^i = \exp(-\frac{\pi}{2}) = 0.2078.....$$

となって、なんと無理数ではあるものの、実数値が得られる。

虚数 (i) の i 乗が実数になるというのは驚きであるが、これも対数関数と級数展開の仲立ちで、数学的な導出が可能になったものである。

1.8. 複素平面と極形式

オイラーの公式は複素平面 (complex plane) で図示してみると、その幾何学的意味がよく分かる。そこで、その下準備として複素平面と極形式 (polar form) について復習してみる。

複素平面は、x 軸が実数軸 (real axis)、y 軸が虚数軸 (imaginary axis) の平面である。実数は、数直線 (real number line) と呼ばれる 1 本の線で、すべての数を表現できるのに対し、複素数を表現するためには、2 次元平面が必要となる。

この時、複素数を表現する方法として極形式と呼ばれる方式がある。これは、すべての複素数は

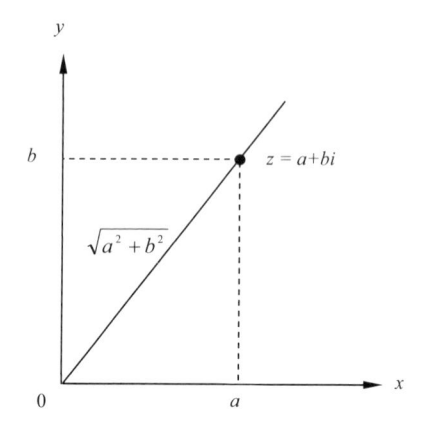

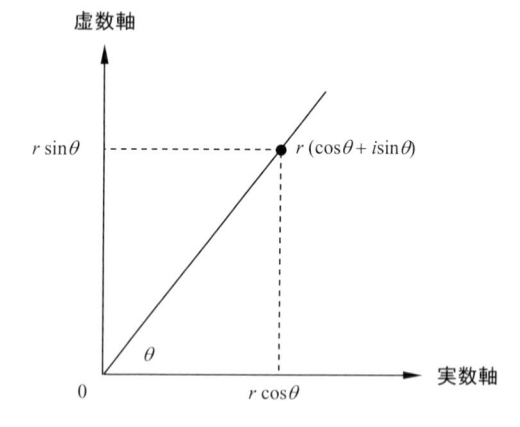

図 1-4 複素平面の極座標。

$$z = a + bi = r(\cos\theta + i\sin\theta)$$

で与えられるというものである (図 1-4 参照)。ここで θ は、実数 (x) 軸の正方向からの角度 (偏角：argument)、r は原点からの距離 (modulus) であり、

$$r = |z| = \sqrt{a^2 + b^2}$$

第 1 章　級数展開

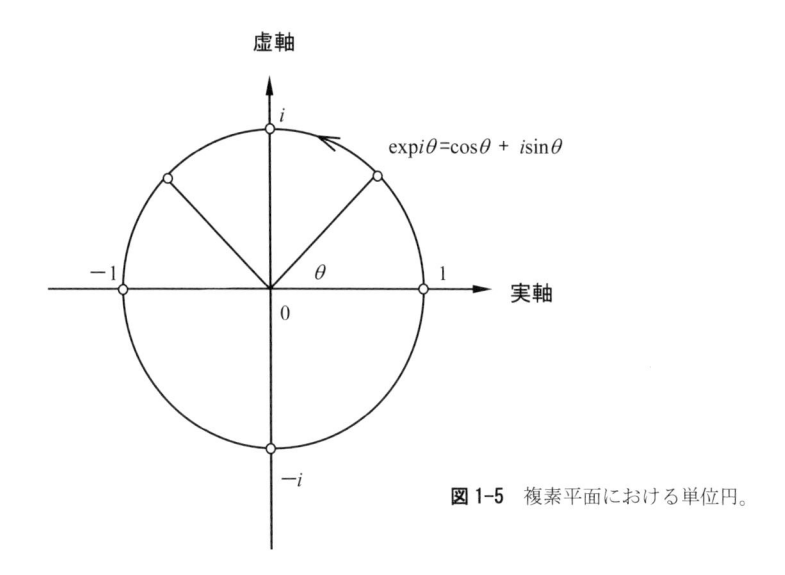

図 1-5　複素平面における単位円。

という関係にある。ここで、複素数の絶対値 (absolute value) を求める場合、実数の場合と異なり単純に 2 乗したのでは求められない。 a^2+b^2 を得るためには、 $a+bi$ に虚数部の符号が反転した $a-bi$ をかける必要がある。これら複素数を共役 (complex conjugate) と呼んでいる。

ここで、極形式のかっこ内を見ると、オイラー公式の右辺であることが分かる。つまり

$$z = r(\cos\theta + i\sin\theta) = re^{i\theta}$$

と書くこともできる。すべての複素数が、この形式で書き表される。

さて、ここで、オイラーの公式の右辺について考えてみよう。

$$\cos\theta + i\sin\theta$$

これは、$r=1$ の極形式であるが、θ を変数とすると、図 1-5 に示したように、複素平面における半径 1 の円（単位円: unit circle と呼ぶ）を示している。よって、$\exp(i\theta)$ は複素平面において半径 1 の円に対応する。ここで、θ はこの円の実軸からの傾角を示している。

この時、θ を増やすという作業は、単位円に沿って回転するということに対応する。例えば、$\theta=0$ から $\theta=\pi/2$ への変化は、ちょうど 1 に i をかけたものに相当する。これは

$$\exp\left(i\frac{\pi}{2}\right) = \exp\left(0 + i\frac{\pi}{2}\right) = \exp(0) \cdot \exp\left(i\frac{\pi}{2}\right)$$

と変形すれば、

$$\exp(0) = 1, \qquad \exp\left(i\frac{\pi}{2}\right) = i$$

ということから、$1 \times i$ であることは明らかである。さらに $\pi/2$ だけ増やすと、$i^2 = -1$ となる。つまり、$\pi/2$ だけ増やす、あるいは回転するという作業は、i のかけ算になる。よって、i は回転演算子とも呼ばれる。このように、単位円においては角度のたし算が指数関数のかけ算と等価であるという事実が重要である。

次に単位円における回転に対応した重要な点が 2 つある。ひとつは、$\exp(i\theta)$ は、実数部をみると、図 1-6 に示したように cos の波に対応しているということである。つまり、θ が増えるにしたがって、実数部は cos の波として、虚数部は sin の波として進行していく。このように、オイラーの公式は波の性質を表現するのに非常に便利な数学的表現である。さらに、その絶対値は常に 1 であるから、波の性質を付与しながら、その量自体には変化を与えないという特長がある。

1.9. 級数の収束

1.9.1. 無限級数と収束

ある関数を無限級数に展開する手法を紹介したが、実は級数展開式を利用する際には注意すべき点がある。それは、得られた級数展開式を適用するには付帯条件があるということである。三角関数や指数関数の級数展開

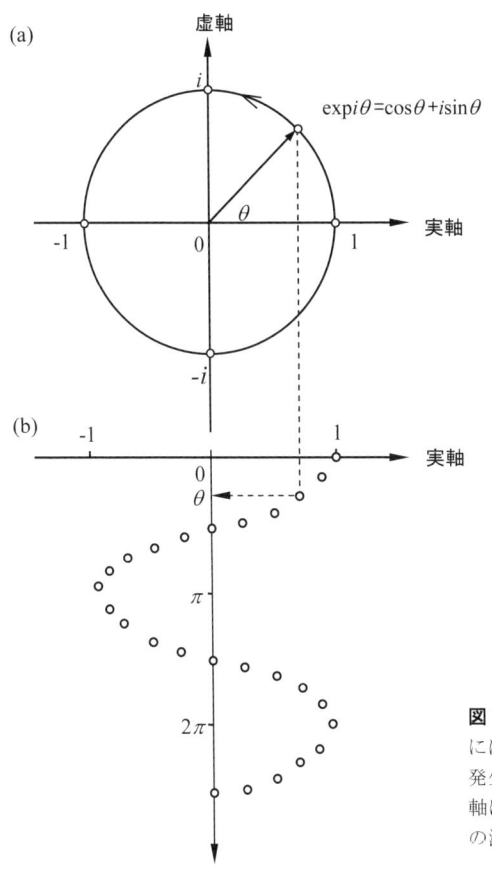

図 1-6 単位円上の回転は実数軸には cos 波を虚数軸には sin 波を発生させる。つまり偏角(θ) を横軸にとると、実数軸の運動は$\cos\theta$の波となる。

式は、x としてどんな値に対しても利用できるが、級数展開式によっては、限られた範囲でしか使えない場合がある。

例として、オイラーが導いた級数展開式について紹介する。オイラーは

$$\frac{x}{1-x}+\frac{x}{x-1}=0$$

という関係（この等式は $x \neq 1$ のすべての数に対して成り立つ）をもとに

して、ある展開式の等式を導き出した。まず

$$\frac{1}{1-x} = 1 + x + x^2 + x^3 + x^4 + x^5 + ... + x^n + ...$$

の関係にあるから、第1項は、この式に x をかけて

$$\frac{x}{1-x} = x + x^2 + x^3 + x^4 + x^5 + ... + x^n + ...$$

となる。次に第2項は

$$\frac{x}{x-1} = \frac{1}{1-\frac{1}{x}}$$

と変形できるから、最初の $1/(1-x)$ の無限級数において、x を $1/x$ に置き換えると

$$\frac{1}{1-\frac{1}{x}} = 1 + \frac{1}{x} + \frac{1}{x^2} + \frac{1}{x^3} + \frac{1}{x^4} + ... + \frac{1}{x^n} + ...$$

という無限級数となる。よって、これらを足しあわせると

$$\frac{x}{1-x} + \frac{x}{x-1} = ... + \frac{1}{x^n} + ... + \frac{1}{x^2} + \frac{1}{x} + 1 + x + x^2 + x^3 + ... + x^n + ... = 0$$

という関係が得られる。しかし、少し考えれば、このオイラーの導出した等式は何かおかしいことに気づく。x にどんな値を代入しても 0 にはならない。
　では何がまちがいかというと

第 1 章 級数展開

$$\frac{x}{1-x} = x + x^2 + x^3 + x^4 + x^5 + \ldots + x^n + \ldots$$

の無限級数が、ある一定の値に収束 (convergence) するのは $|x|<1$ の場合であるが

$$\frac{1}{1-\frac{1}{x}} = 1 + \frac{1}{x} + \frac{1}{x^2} + \frac{1}{x^3} + \frac{1}{x^4} + \ldots + \frac{1}{x^n} + \ldots$$

の無限級数が収束するのは $|x|>1$ の場合であって、これら級数展開式を使える x の範囲が異なるのである。

このように、多くの無限級数において、それが意味をもつのは限られた条件下であり、その条件を無視して無限級数を、あたかも普通の関数のように自由に使うことはできない。実際に、級数展開の公式集には、必ず収束する条件が書いてある。

それでは、収束の条件を見つけるにはどうすればよいのであろうか。まず、この章で行ったべき級数展開の場合には非常に簡単であり、収束するためには $n+1$ 項の絶対値が n 項よりも小さいという条件でよい。よって、級数展開式を

$$f(x) = a_0 + a_1 x + a_2 x^2 + a_3 x^3 + a_4 x^4 + a_5 x^5 + \ldots$$

と書くと、この収束条件は

$$|a_n x^n| > |a_{n+1} x^{n+1}| \quad \text{つまり} \quad |x| < \left|\frac{a_n}{a_{n+1}}\right|$$

となる。この条件を、いまのオイラーの展開式で確認してみよう。

すると、最初の関数 $x/(1-x)$ の無限級数では

$$|x^n| > |x^{n+1}| \quad \text{あるいは} \quad |x|^n > |x|^{n+1}$$

という条件が課せられる。これから、ただちに収束条件として $|x|<1$ が得られる。ここで、$x=1$ を収束半径と呼んでいる。

つぎの関数 $1/(1-\dfrac{1}{x})$ の無限級数における収束条件は

$$\left|\frac{1}{x}\right|^n > \left|\frac{1}{x}\right|^{n+1}$$

であるので、$|x|>1$ ということになり、すでに説明したように、それぞれの級数展開は同じ定義域では使えないことが分かる。

1.9.2. 収束条件

ここで、一般の無限級数について収束する条件を考えてみよう。つぎの無限級数

$$f(x) = \sum_{n=1}^{\infty} u_n(x)$$

を考えてみる。この級数の最初の m 項の和を $S_m(x)$ とすると

$$S_m(x) = \sum_{n=1}^{m} u_n(x)$$

となるが

$$\lim_{m \to \infty} |S_m(x) - f(x)| = 0$$

のとき、この無限級数は $f(x)$ に収束する。

第1章　級数展開

演習 1-7 $f(x) = \dfrac{x}{1-x} = x + x^2 + x^3 + x^4 + x^5 + \ldots + x^n + \ldots$ の収束について調べよ。

解）　この級数は、初項が x で公比が x の等比級数であるから、m 項までの和は

$$S_m(x) = \frac{x(1-x^m)}{1-x}$$

となる。よって

$$S_m(x) - f(x) = \frac{x(1-x^m)}{1-x} - \frac{x}{1-x} = -\frac{x^{m+1}}{1-x}$$

となるから、収束条件は

$$\lim_{m \to \infty} |S_m(x) - f(x)| = \lim_{m \to \infty} \left|\frac{x^{m+1}}{1-x}\right| = 0$$

この条件が成立するのは $|x| < 1$ である。

最後に、代表的な関数の級数展開式と、収束条件をまとめる。

$$\frac{1}{1-x} = 1 + x + x^2 + x^3 + x^4 + x^5 + \ldots + x^n + \ldots \qquad (|x| < 1)$$

$$\frac{1}{1+x} = 1 - x + x^2 - x^3 + x^4 - x^5 + \ldots + (-1)^n x^n + \ldots \qquad (|x| < 1)$$

$$\frac{1}{(1+x)^2} = 1 - 2x + 3x^2 - 4x^3 + 5x^4 - 6x^5 + \ldots + (-1)^n (n+1) x^n + \ldots \qquad (|x| < 1)$$

$$\frac{1}{\sqrt{1+x}} = 1 - \frac{x}{2} + \frac{3}{8}x^2 - \frac{5}{16}x^3 + \frac{35}{128}x^4 - \ldots + (-1)^n \frac{(2n-1)!!}{n!2^n} x^n + \ldots \quad (|x|<1)$$

$$e^x = 1 + x + \frac{1}{2!}x^2 + \frac{1}{3!}x^3 + \frac{1}{4!}x^4 + \frac{1}{5!}x^5 + \ldots + \frac{1}{n!}x^n + \ldots \quad (|x|<\infty)$$

$$\sin x = x - \frac{1}{3!}x^3 + \frac{1}{5!}x^5 - \frac{1}{7!}x^7 + \ldots + (-1)^n \frac{1}{(2n+1)!} x^{2n+1} + \ldots \quad (|x|<\infty)$$

$$\cos x = 1 - \frac{1}{2!}x^2 + \frac{1}{4!}x^4 - \frac{1}{6!}x^6 + \ldots + (-1)^n \frac{1}{(2n)!} x^{2n} + \ldots \quad (|x|<\infty)$$

$$\ln x = (x-1) - \frac{1}{2}(x-1)^2 + \frac{1}{3}(x-1)^3 - \ldots + (-1)^{n+1} \frac{1}{n}(x-1)^n + \ldots \quad (0<x\leq 2)$$

$$\ln(1+x) = x - \frac{x^2}{2} + \frac{x^3}{3} - \frac{x^4}{4} + \ldots + (-1)^{n+1} \frac{x^n}{n} + \ldots \quad (-1<x\leq 1)$$

第 2 章　フーリエ級数展開

　理工系の数学では、関数の級数展開式を利用することで、微分方程式の解を求めるという方法がひんぱんに使われる。実際に、第 1 章では、級数展開を利用して単振動に関する微分方程式を解法する例も示した。

　ここで、もしある関数が sine や cosine の関数として級数展開できたとしたらどうであろうか。三角関数の微積分も簡単であるので、その関数の微分や積分が可能になる。

　フーリエ級数展開 (Fourier series expansion) は任意の関数 $F(x)$ を $\sin kx$ と $\cos kx$ （k は整数）、つまり $\sin x$, $\sin 2x$, $\sin 3x$, $\sin 4x$,...., $\cos x$, $\cos 2x$, $\cos 3x$, $\cos 4x$, ...で級数展開する手法である。これら三角関数群は、図 2-1 に示すように、基本振動 (fundamental wave: $\sin x$ あるいは $\cos x$) の整数 (k) 倍の振動数の波に対応しており、k が増えるに従って、長さ 2π のなかにある波の数が 1 個、2 個、3 個と増えていく。よって、k を波数 (wave number) と呼んでいる。

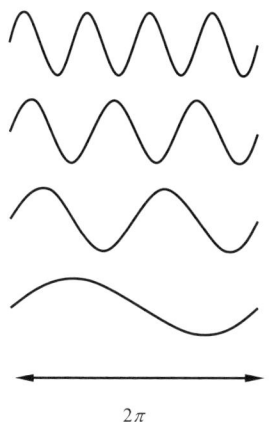

図 2-1

ひとの声や楽器の音などは音波であるが、この波を調べてみると、普通は、図 2-2(a) に示すように複雑な形状を示す。しかし、この波を解析してみると、図 2-2(b) に示すように基本的な波を合成したものであることが分かる。この複雑な波を基本的な波に分解するのがフーリエ級数展開である。この分解をスペクトル分光 (spectrometry) とも呼んでいる。よく知られているように、太陽光線 (sun light) をスペクトル分光する働きをするのがプリズム (prism) である。プリズムを使って太陽光を分解すると 7 色の可視光 (visible light) に分解できる。フーリエ級数展開は、プリズムの働きをする数学的手法と言える。

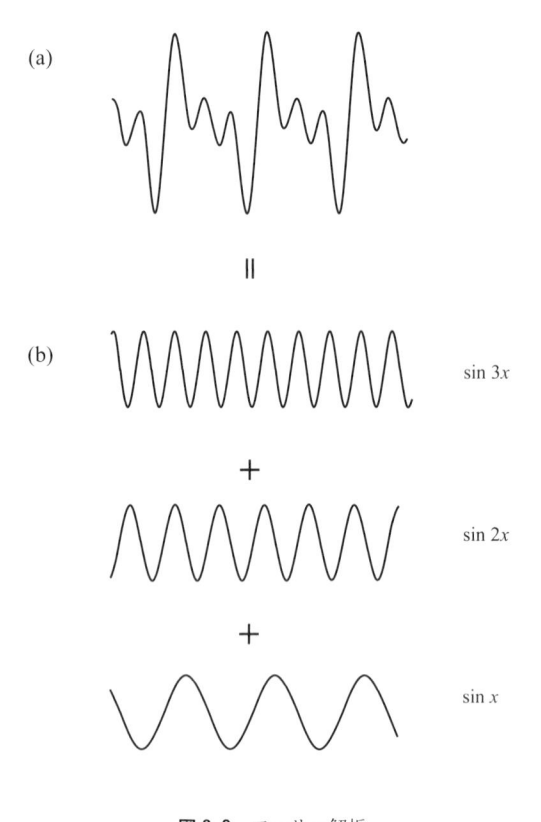

(a)

=

(b)　　　　　　　　　　　　　　　　　$\sin 3x$

+

　　　　　　　　　　　　　　　　　　$\sin 2x$

+

　　　　　　　　　　　　　　　　　　$\sin x$

図 2-2　フーリエ解析。

しかし、数学の常で、その後フーリエ解析の手法は発展し、現在では微分方程式の解法や、周期的な振動が存在する現象、複雑な波の解析、あるいは数式では表すことができないと思われていたパルス信号などの表現に広く利用されるようになっている。

本章では、まず関数をどうすれば三角関数の級数に展開できるかのしくみと、それを利用した関数の展開手法を紹介する。

2.1. フーリエ級数展開とは

フーリエ級数展開は、少々複雑であるが

$$F(x) = a_0\cos 0x + a_1\cos 1x + a_2\cos 2x + a_3\cos 3x + ... + a_n\cos nx + ...$$
$$+ b_0\sin 0x + b_1\sin 1x + b_2\sin 2x + b_3\sin 3x + ... + b_n\sin nx + ...$$

のように、ある関数を $\sin kx$ と $\cos kx$ の無限級数（k は整数）として表現するものである。$\sin 0 = 0$ であるから、この級数展開は

$$F(x) = a_0 + a_1\cos x + a_2\cos 2x + a_3\cos 3x + ... + a_n\cos nx + ...$$
$$+ b_1\sin x + b_2\sin 2x + b_3\sin 3x + ... + b_n\sin nx + ...$$

となって b_0 の項が消える。ここで、$\sin kx$ の項も、$\cos kx$ の項も、2π ごとに同じ値になるので、このフーリエ級数展開式は必ず 2π を周期とした周期関数 (periodic function) となることに注意する。また、考えられる周期としては $0 \leq x \leq 2\pi$ と $-\pi \leq x \leq \pi$ の2種類ある。つまり、フーリエ級数展開は周期的に変動する関数（周期関数）のみを対象としたものである[1]。

さて、この級数展開を行うときの実際問題は、展開式の係数 (coefficient)：a_n および b_n をどうやって決めるかである。（これら係数をフー

---

[1] あとから示すように、うまく工夫すると、周期関数ではない場合にもフーリエ級数展開をすることが可能となる。

リエ係数: Fourier coefficients と呼ぶ。）

この操作を複雑な波の解析になぞらえると、図 2-3 に示すように、対象とする波（ここでは関数であるが）に、基本周波数の整数倍の波 ($\sin kx$, $\cos kx$) がどれくらい含まれているかを決定することである。つまり、波のスペクトル分解に相当する作業である。

実は、前章でも紹介したように、その決め方には 2 通りある。ひとつは、級数展開する周期関数 $F(x)$ が分かっている場合であり、これが普通の級数展開である。

もうひとつは、求めたい関数の条件を規定した微分方程式が分かっている場合である。つまり、$F(x)$ は未知ではあるが、それを微分方程式に代入し、得られた方程式を満足するように係数を決める方法である。これは、まさに微分方程式の解法である。これについては、次章でくわしく解説する。

ここでは、$F(x)$ が分かっている場合の級数展開の方法から紹介する。前章でみたように、べき級数展開では、関数の高階導関数をうまく利用することで係数を求めたが、フーリエ級数展開では、三角関数の積分が有する特徴をうまく利用してフーリエ係数を求める。

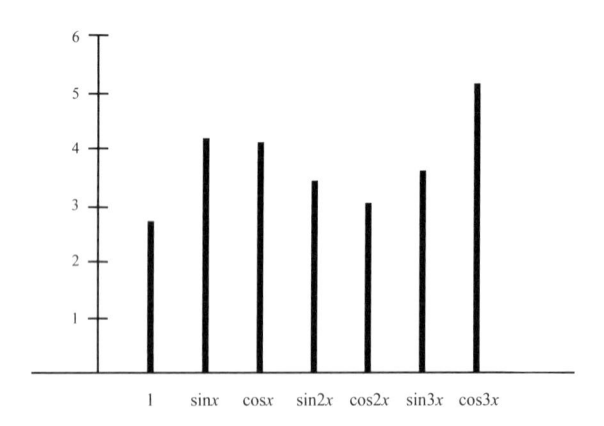

図 2-3 フーリエ解析においてフーリエ係数を求める操作は、対象とする波（関数）の中に基本的な波の成分がどれくらいの量含まれているかを調べる作業である。これは、光のスペクトル解析に相当する。

2.2. フーリエ係数の求め方

実は、三角関数 (trigonometric function) には以下の特徴がある。n をゼロ以外の任意の整数とすると

$$\int_0^{2\pi} \sin nx\, dx = 0 \quad \int_0^{2\pi} \cos nx\, dx = 0$$

つまり、$\sin nx$ も $\cos nx$ も 0 から 2π（あるいは $-\pi$ から π）まで x に関して積分すると、その値はゼロになるという性質である。

例えば、図 2-4 の $\sin x$ と $\cos x$ のグラフを見れば、これら関数では正の部分の面積と、負の部分の面積の値が等しいので、その和、すなわち積分値はゼロになることが明らかである。n が増えるということは、このサイクル（波の数）が増えるだけで、正負の面積が常に等しいので、すべて積分値はゼロとなる。もちろん、一般式をそのまま積分すれば

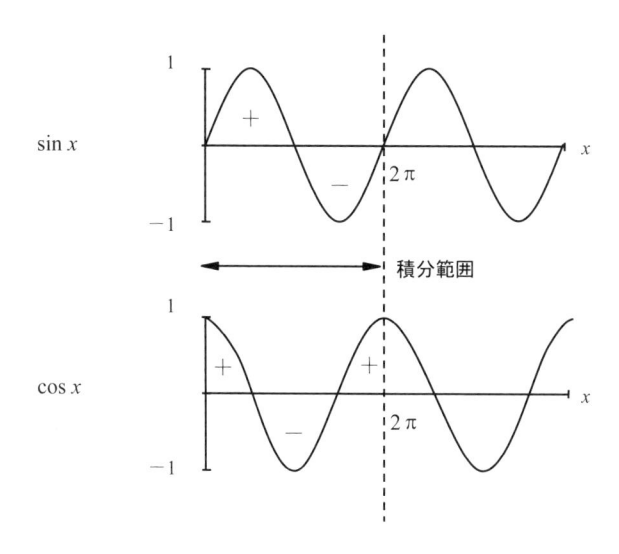

図 2-4　$\sin x$ および $\cos x$ の 1 周期の積分。

$$\int_0^{2\pi} \sin nx \, dx = \left[\frac{-\cos nx}{n} \right]_0^{2\pi} = -\frac{1}{n}(1-1) = 0$$

$$\int_0^{2\pi} \cos nx \, dx = \left[\frac{\sin nx}{n} \right]_0^{2\pi} = \frac{1}{n}(0-0) = 0$$

となって、積分値が 0 となることが確かめられる。

ここで、フーリエ級数展開のかたちに変形した $F(x)$ を積分範囲 0 から 2π で積分してみよう。すると

$$\int_0^{2\pi} F(x) dx = a_0 \int_0^{2\pi} dx + a_1 \int_0^{2\pi} \cos x \, dx + a_2 \int_0^{2\pi} \cos 2x \, dx + ...$$
$$+ b_1 \int_0^{2\pi} \sin x \, dx + b_2 \int_0^{2\pi} \sin 2x \, dx + ...$$

のように、項別の積分が可能になる。このとき、ほとんどの項の積分値は 0 となるが、唯一 a_0 の項だけ 0 とはならない。これを取り出して計算すると

$$\int_0^{2\pi} F(x) dx = a_0 \int_0^{2\pi} 1 \, dx = a_0 [x]_0^{2\pi} = 2\pi a_0$$

となる。よって、最初のフーリエ係数は

$$a_0 = \frac{1}{2\pi} \int_0^{2\pi} F(x) dx$$

で与えられることになる。つまり、展開したい関数 $F(x)$ の 0 から 2π までの積分値を求めれば、最初のフーリエ係数を求めることができるのである。（これは、この範囲における $F(x)$ の面積の平均値に相当する。）

それでは、それ以降のフーリエ係数をどうやって求めるのであろうか。ここでも三角関数の特徴をうまく利用する。

まず、$\sin mx$ に $\cos nx$ （m, n は任意の整数）をかけて 0 から 2π まで積分したものはすべてゼロになる。

$$\int_0^{2\pi} \sin mx \cos nx\, dx = 0 \qquad \int_0^{2\pi} \cos mx \sin nx\, dx = 0$$

このことを証明するには、いくつかの方法があるが、まず図を使って考えてみる。図 2-5 は、$\sin x$ に $\cos x$ をかけた $f(x) = \sin x \cdot \cos x$ のグラフである。このグラフの 0 から 2π までの区間を見ると、正の部分と負の部分の面積が等しいので、その積分値がゼロになることが分かる。実は、$\sin mx$ と $\cos nx$ をかけたグラフは、2π の周期で取り出すと、すべて正の部分の面積と負の部分の面積が等しい。このため、0 から 2π (あるいは$-\pi$から π) まで積分すると、その値はゼロとなってしまう。

つぎに、三角関数の積を和差に変える公式（補遺 2-1 参照）

$$\sin A \cos B = \frac{1}{2}\{\sin(A+B) + \sin(A-B)\}$$

を利用して、この積分が 0 になることを示そう。

$$2\int_0^{2\pi} \sin mx \cos nx\, dx = \int_0^{2\pi} \sin(m+n)x\, dx + \int_0^{2\pi} \sin(m-n)x\, dx$$

と変形できる。ここで、$m \neq n$ のときは右辺の両方の積分値はゼロである。つぎに、$m = n$ のときは

$$\int_0^{2\pi} \sin mx \cos nx\, dx = \int_0^{2\pi} \sin mx \cos mx\, dx = \frac{1}{2}\int_0^{2\pi} \sin 2mx\, dx = 0$$

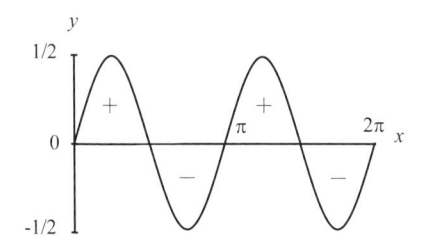

図 2-5 $y = \sin x \cos x$ のグラフ。この場合も、1 周期では正負の面積が等しいので、積分するとその値が 0 となる。

となって、この場合も、積分値はゼロとなる。つまり、$\sin mx$ と $\cos nx$ をかけて 0 から 2π まで積分したら、すべてゼロとなることが確かめられる。このような関係を、専門的には、これら関数は区間 0 から 2π において直交関係 (orthogonal) にあると呼んでいる。

その次の特徴は、$\sin mx$ と $\sin nx$ あるいは $\cos mx$ と $\cos nx$ をかけると、$m = n$ でない限り、その積分値がすべてゼロになるという性質である。つまり

$$\int_0^{2\pi} \sin mx \sin nx\, dx = 0 \qquad \int_0^{2\pi} \cos mx \cos nx\, dx = 0$$

となる。それでは $m = n$ のときはどうか。例えば $\sin x$ と $\sin x$ をかけた場合（$f(x) = \sin x \cdot \sin x = \sin^2 x$）は、図 2-6 のグラフに示すように正の部分だけとなり、積分値がゼロとはならない。同様に、$\sin mx \sin mx$ や $\cos nx \cos nx$ のように同じものどうしの積は積分値がゼロとならないのである。

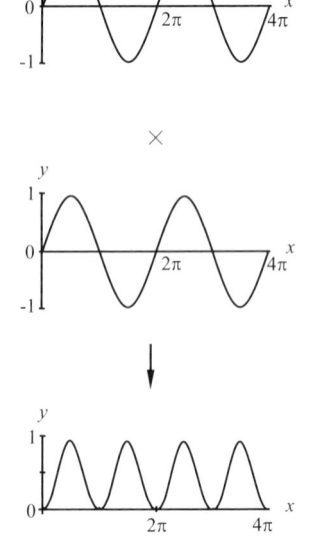

図 2-6 $\sin x$ と $\sin x$ をかけると、図のようにすべてが正のグラフとなる。よって、この場合は 1 周期で積分しても、その値は 0 とはならない。

これを、三角関数の積を和差に変える公式を利用して確かめてみよう。

$$\sin A \sin B = \frac{1}{2}\{\cos(A-B) - \cos(A+B)\}$$

$$\cos A \cos B = \frac{1}{2}\{\cos(A-B) + \cos(A+B)\}$$

であるから

$$\int_0^{2\pi} \sin mx \sin nx\, dx = \frac{1}{2}\int_0^{2\pi} \cos(m-n)x\, dx - \frac{1}{2}\int_0^{2\pi} \cos(m+n)x\, dx$$

$$\int_0^{2\pi} \cos mx \cos nx\, dx = \frac{1}{2}\int_0^{2\pi} \cos(m-n)x\, dx + \frac{1}{2}\int_0^{2\pi} \cos(m+n)x\, dx$$

となる。$m \neq n$ のときは、右辺のいずれの積分もゼロであるから

$$\int_0^{2\pi} \sin mx \sin nx\, dx = 0 \qquad \int_0^{2\pi} \cos mx \cos nx\, dx = 0$$

$m = n$ のときは

$$\int_0^{2\pi} \sin mx \sin nx\, dx = \frac{1}{2}\int_0^{2\pi} 1\, dx - \frac{1}{2}\int_0^{2\pi} \cos 2mx\, dx = \pi$$

$$\int_0^{2\pi} \cos mx \cos nx\, dx = \frac{1}{2}\int_0^{2\pi} 1\, dx + \frac{1}{2}\int_0^{2\pi} \cos 2mx\, dx = \pi$$

となり、この時だけゼロとはならない。

これで、ようやくフーリエ級数展開の係数を求める準備ができた。ここで、係数 a_n を求めたい時には $F(x)$ に $\cos nx$ をかけて 0 から 2π まで積分すればよい。すると

$$\int_0^{2\pi} F(x) \cos nx\, dx = \int_0^{2\pi} \frac{a_n}{2} dx = a_n \pi$$

のように、係数 a_n を取り出すことができる。よって

$$a_n = \frac{1}{\pi}\int_0^{2\pi} F(x)\cos nx\, dx$$

の積分で、係数が求められる。同様にして b_n を求めたい時には、$F(x)$ に $\sin nx$ をかけて 0 から 2π まで積分する。すると

$$\int_0^{2\pi} F(x)\sin nx\, dx = \int_0^{2\pi} \frac{b_n}{2} dx = b_n \pi$$

となって

$$b_n = \frac{1}{\pi}\int_0^{2\pi} F(x)\sin nx\, dx$$

のかたちの積分で b_n が与えられる。

　これで、フーリエ級数展開のすべての係数を求める方法が確立できたことになる。もちろん、以上の関係は、積分範囲を $-\pi$ から π としてもすべて同様に成立する。さらに、周期関数であるから、積分範囲を 2π から 4π、あるいは $n\pi$ から $(n+2)\pi$ としても構わない。

2.3. 直交関数系

以上の関係をまとめると、三角関数群

$$\{(\cos 0), (\cos x), (\cos 2x), (\cos 3x), \ldots, (\cos nx), \ldots$$
$$(\sin x), (\sin 2x), (\sin 3x), (\sin 4x), \ldots, (\sin nx), \ldots\}$$

の集合は、それ自身の積（2乗）の積分はゼロとはならないが、その他の項との積を 0 から 2π（あるいは $-\pi$ から π）まで積分するとすべてゼロとなる。このような系を専門的には直交関数系 (orthogonal function system) と呼んでいる。ベクトル (vector) とのアナロジーでは、この 0 から 2π の積分は、ちょうど内積 (inner product) に相当する。

第 2 章　フーリエ級数展開

　ここで、関数の内積について少し考えてみよう。区間 $a \leq x \leq b$ で定義された関数 $f(x)$ と $g(x)$ の内積 (f, g) は

$$(f, g) = \int_a^b f(x) \cdot g(x) dx$$

で与えられる。

　ところで、ベクトルの大きさは、それ自身の内積の平方根であったが、関数の場合も同様に定義できるとすると、関数自身の内積は

$$(f, f) = \int_a^b f(x) \cdot f(x) dx$$

であるので、関数の場合のノルム (norm: ベクトルの大きさに相当するもの) は

$$|f(x)| = \sqrt{(f, f)}$$

と与えられることになる。あるいは

$$|f(x)| = \left(\int_a^b f(x) \cdot f(x) dx \right)^{1/2}$$

と書くこともできる。ここで、実際に三角関数のノルムを求めてみよう。まず

$$|\cos 0x| = \left(\int_a^{2\pi} 1 dx \right)^{1/2} = \left([x]_a^{2\pi} \right)^{1/2} = \sqrt{2\pi}$$

となる。次に一般式の $\cos nx$ および $\sin nx$ では

$$|\cos nx|^2 = \int_0^{2\pi} \cos^2 nx dx = \int_0^{2\pi} \frac{1 + \cos 2nx}{2} dx = \left[\frac{x}{2} + \frac{\sin 2nx}{4n} \right]_0^{2\pi} = \pi$$

$$|\sin nx|^2 = \int_0^{2\pi} \sin^2 nx\, dx = \int_0^{2\pi} \frac{1-\cos 2nx}{2} dx = \left[\frac{x}{2} - \frac{\sin 2nx}{4n}\right]_0^{2\pi} = \pi$$

より

$$|\cos nx| = \sqrt{\pi} \qquad |\sin nx| = \sqrt{\pi}$$

となって、成分 $\cos 0x$ (=1) 以外は、すべてノルムは $\sqrt{\pi}$ となることが分かる。よって、単位ベクトル (unit vector)（基本ベクトル (fundamental vector)）をつくるのと同じ要領で、成分のノルムを 1 にする正規化 (normalization) を行うと

$$\left\{\left(\frac{1}{\sqrt{2\pi}}\right), \left(\frac{1}{\sqrt{\pi}}\cos x\right), \left(\frac{1}{\sqrt{\pi}}\cos 2x\right), \cdots, \left(\frac{1}{\sqrt{\pi}}\cos nx\right), \cdots \right.$$
$$\left. \left(\frac{1}{\sqrt{\pi}}\sin x\right), \left(\frac{1}{\sqrt{\pi}}\sin 2x\right), \cdots, \left(\frac{1}{\sqrt{\pi}}\sin nx\right), \cdots \right\}$$

が基本ベクトルに対応した関数群となる。まだ、ベクトルとのアナロジーで、これら関数成分は、正規直交化基底 (orthonormalized basis) となる。つまり、大きさ（ノルム）が 1 に正規化されたうえで、すべてが互いに直交関係にある。

　正規直交関数系 $(e_1(x), e_2(x), e_3(x), \cdots, e_n(x), \cdots)$ においては、任意の $F(x)$ が与えられ、それが

$$F(x) = a_1 e_1(x) + a_2 e_2(x) + a_3 e_3(x) + \cdots + a_n e_n(x) + \cdots$$

のかたちの級数で表現されるとき、$F(x)$ と正規直交基底との内積をとると

$$\int_a^b F(x) \cdot e_1(x) dx = a_1 \qquad \int_a^b F(x) \cdot e_2(x) dx = a_2$$

$$\cdots\cdots$$

$$\int_a^b F(x) \cdot e_n(x) dx = a_n$$

となって、ベクトルの場合と同様に、それぞれの係数が得られる（補遺 2-2 参照）。フーリエ級数展開も、正規直交化基底で展開すれば、その係数は、関数 $F(x)$ との内積を計算することで直接求めることができる。（一般のフーリエ級数展開式では、直交関数を正規化していないので、$1/\pi$ の補正項がついている。）

演習 2-1 オイラーの公式を利用して $\int_0^{2\pi} \sin mx \cos nx\, dx = 0$ となることを示せ。

解）オイラーの公式によれば、$\sin mx, \cos nx$ は

$$\sin mx = \frac{e^{imx} - e^{-imx}}{2i} \qquad \cos nx = \frac{e^{inx} + e^{-inx}}{2}$$

と与えられる。すると

$$\sin mx \cos nx = \frac{(e^{imx} - e^{-imx})(e^{inx} + e^{-inx})}{4i}$$
$$= \frac{e^{i(m+n)x} + e^{i(m-n)x} - e^{i(n-m)x} - e^{-i(m+n)x}}{4i}$$

と指数関数で表すことができる。ここで、すべての項は e^{ikx} というかたちの関数を含んでいるが、実は

$$\int_0^{2\pi} e^{ikx} dx$$

という積分は k がゼロ以外の整数に対しては、すべてゼロとなる。これは、

前章で見たように、e^{ikx} は複素平面における半径 1 の円（単位円：unit circle）に対応しており、その周回積分が 0 となるためである。もちろん、普通に計算しても $k \neq 0$ の整数ならば

$$\int_0^{2\pi} e^{ikx} dx = \left[\frac{1}{ik} e^{ikx}\right]_0^{2\pi} = \frac{1}{ik}\left(e^{i2k\pi} - e^0\right) = \frac{1}{ik}(1-1) = 0$$

となってゼロとなることが確かめられる。

ここで、$m \neq n$ のときは、$\sin mx \cos nx$ を指数関数で変形したあらゆる項が e^{ikx} のかたちとなるので、

$$\int_0^{2\pi} \sin mx \cos nx\, dx$$

の積分はすべてゼロとなる。

それでは、$m = n$ の時はどうか。この場合

$$\sin mx \cos mx = \frac{e^{i2mx} + e^0 - e^0 - e^{-i2mx}}{4i} = \frac{e^{i2mx} - e^{-i2mx}}{4i}$$

となって、$k = 0$ になってくれるはずの項が $e^0 - e^0$ で消えてしまうので、この場合も、あらゆる項が e^{ikx} のかたちになる。この結果、積分値はゼロとなる。

演習 2-2 オイラーの公式を利用して

$$\int_0^{2\pi} \sin mx \sin nx\, dx = \begin{cases} 0 & (m \neq n) \\ \pi & (m = n) \end{cases} \qquad \int_0^{2\pi} \cos mx \cos nx\, dx = \begin{cases} 0 & (m \neq n) \\ \pi & (m = n) \end{cases}$$

を証明せよ。

解)　オイラーの公式を使って変形すると

$$\sin mx \sin nx = \frac{e^{imx} - e^{-imx}}{2i} \cdot \frac{e^{inx} - e^{-inx}}{2i}$$
$$= \frac{e^{i(m+n)x} - e^{i(m-n)x} - e^{i(n-m)x} + e^{i(m+n)x}}{-4}$$

となる。この時、$m \neq n$ であれば、あらゆる項が e^{ikx} のかたちの項を含むため、0 から 2π までの積分値はゼロとなる。ところが、$m = n$ の場合

$$\sin mx \sin mx = \frac{e^{i2mx} - e^{0} - e^{0} + e^{i2mx}}{-4}$$
$$= \frac{-2 + 2e^{i2mx}}{-4} = \frac{1 - e^{i2mx}}{2} = \frac{1}{2} - \frac{e^{i2mx}}{2}$$

となって、めでたく e^{ikx} 以外の項 1/2 が残る。よって、積分値はゼロとならない。同様にして

$$\cos nx \cos nx = \frac{e^{i2nx} + e^{0} + e^{0} + e^{i2nx}}{4} = \frac{2 + 2e^{i2nx}}{4} = \frac{1 + e^{i2nx}}{2}$$

となり、cos の場合も積分値はゼロとならないことが証明できる。

2.4. フーリエ級数展開の一般式

フーリエ級数展開式を、もう一度書き出すと

$$F(x) = a_0 + a_1 \cos x + a_2 \cos 2x + a_3 \cos 3x + \dots + a_n \cos nx + \dots$$
$$+ b_1 \sin x + b_2 \sin 2x + b_3 \sin 3x + \dots + b_n \sin nx + \dots$$

であり、それぞれの係数は

$$a_0 = \frac{1}{2\pi}\int_0^{2\pi} F(x)dx \qquad a_n = \frac{1}{\pi}\int_0^{2\pi} F(x)\cos nx dx \qquad b_n = \frac{1}{\pi}\int_0^{2\pi} F(x)\sin nx dx$$

となる。ここで、a_0 は $\cos 0x$ の項に対応するが、整合性をとるために、これも a_n の一般式で表すとしたらどうなるであろうか。そこで、一般式

$$a_n = \frac{1}{\pi}\int_0^{2\pi} F(x)\cos nx dx$$

に $n = 0$ を代入してみると

$$a_0 = \frac{1}{\pi}\int_0^{2\pi} F(x)dx$$

となって 1/2 だけ係数が異なる。よって、a_n の一般式を使うと、最初の項は $a_0/2$ と書かなければならない。フーリエ級数展開を見たときに、最初の項 a_0 にだけ 1/2 がついているのは違和感があるが、a_n の一般式を適用したことが、その原因である。結局、まとめて書くと

$$F(x) = \frac{a_0}{2} + \sum_{n=1}^{\infty}(a_n \cos nx + b_n \sin nx)$$

がフーリエ級数展開の一般式 (general form) となる。あるいは、少々煩雑ではあるが、実際にフーリエ係数の計算式まで入れて書くと

$$F(x) = \frac{1}{2\pi}\int_0^{2\pi} F(x)dx + \sum_{n=1}^{\infty}\left(\frac{\cos nx}{\pi}\int_0^{2\pi} F(x)\cos nx dx + \frac{\sin nx}{\pi}\int_0^{2\pi} F(x)\sin nx dx\right)$$

となる。これが、$F(x)$ が与えられたときに、フーリエ級数展開を与える一般式である。

　それでは、実際にある関数をフーリエ級数展開する作業を行ってみよう。いま対象の関数として

$$F(x) = 3\sin 2x + 5\cos 3x$$

を考えてみる。これは、明らかに 2π を周期とする周期関数である。まず、最初のフーリエ係数を求めるためには

$$a_0 = \frac{1}{\pi}\int_0^{2\pi} F(x)dx$$

を計算する必要がある。実際に代入すると

$$a_0 = \frac{1}{\pi}\int_0^{2\pi} F(x)dx = \frac{1}{\pi}\int_0^{2\pi}(3\sin 2x + 5\cos 3x)dx$$
$$= \frac{3}{\pi}\int_0^{2\pi}\sin 2x dx + \frac{5}{\pi}\int_0^{2\pi}\cos 3x dx$$

すでに、2.2.1 項でみたように、三角関数の性質で、これら右辺の 2 つの積分値は 0 であるから、最初のフーリエ係数は 0 となる。同様の考えで計算を進めていくと、積分値が 0 にならないフーリエ係数は a_3 と b_2 の 2 個だけとなる。これらを計算すると

$$a_3 = \frac{1}{\pi}\int_0^{2\pi}(3\sin 2x + 5\cos 3x)\cos 3x dx$$
$$= \frac{3}{\pi}\int_0^{2\pi}\sin 2x \cos 3x dx + \frac{5}{\pi}\int_0^{2\pi}\cos 3x \cos 3x dx = \frac{5}{\pi}\pi = 5$$
$$b_2 = \frac{1}{\pi}\int_0^{2\pi}(3\sin 2x + 5\cos 3x)\sin 2x dx$$
$$= \frac{3}{\pi}\int_0^{2\pi}\sin 2x \sin 2x dx + \frac{5}{\pi}\int_0^{2\pi}\cos 3x \sin 2x dx = \frac{3}{\pi}\pi = 3$$

と与えられる。よって $F(x)$ のフーリエ級数展開は

$$F(x) = 0 + 0\cos x + 0\cos 2x + 5\cos 3x + ... + 0\cos nx + ...$$
$$+ 0\sin x + 3\sin 2x + 0\sin 3x + ... + 0\sin nx + ...$$
$$= 3\sin 2x + 5\cos 3x$$

となって、当たり前のことではあるが、もとの関数になる。

演習 2-3　　$F(x) = x^2$ 　$(0 \leq x \leq 2\pi)$ をフーリエ級数展開せよ。

解）　いま、この関数の $0 \leq x \leq 2\pi$ の範囲に注目しているが、フーリエ級数展開によって得られる関数は、図 2-7 に示すように、2π を周期とする周期関数であることに注意する。まず、最初の項 a_0 は

$$a_0 = \frac{1}{\pi}\int_0^{2\pi} F(x)dx = \frac{1}{\pi}\int_0^{2\pi} x^2 dx = \frac{1}{\pi}\left[\frac{x^3}{3}\right]_0^{2\pi} = \frac{8\pi^2}{3}$$

次に、一般項 a_n は

$$a_n = \frac{1}{\pi}\int_0^{2\pi} F(x)\cos nx\, dx = \frac{1}{\pi}\int_0^{2\pi} x^2 \cos nx\, dx$$

ここで、部分積分 (integration by parts) を利用する[2]。すると、上式の右辺は

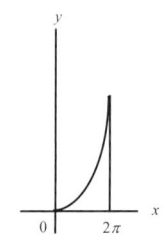

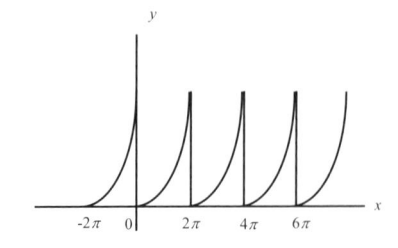

図 2-7　周期が 0 から 2π の $y = x^2$ のグラフ。フーリエ級数展開するときは、上の図のように 0 から 2π の範囲だけを考えるが、実際に得られるフーリエ級数展開のグラフは下の図に示すような周期関数となる。

---

[2]　部分積分とは $(uv)' = u'v + uv'$ の関係から $\int uv' = uv - \int u'v$ を利用して、被積分関数 (integrand) を変形する手法である。

$$\int_0^{2\pi} x^2 \cos nx\, dx = \left[x^2 \frac{\sin nx}{n} \right]_0^{2\pi} - \int_0^{2\pi} 2x \cdot \frac{\sin nx}{n} dx = -\frac{2}{n} \int_0^{2\pi} x \sin nx\, dx$$

と変形できる。さらに、もう一度、部分積分を適用すると

$$\int_0^{2\pi} x \sin nx\, dx = \left[x \cdot \frac{(-\cos nx)}{n} \right]_0^{2\pi} + \int_0^{2\pi} \frac{\cos nx}{n} dx = -\frac{2\pi}{n} + \left[\frac{\sin nx}{n^2} \right]_0^{2\pi} = -\frac{2\pi}{n}$$

となり、結局

$$a_n = \frac{4}{n^2}$$

が得られる。次に、係数 b_n は

$$b_n = \frac{1}{\pi} \int_0^{2\pi} F(x) \sin nx\, dx = \frac{1}{\pi} \int_0^{2\pi} x^2 \sin nx\, dx$$

ここでも、部分積分を利用する。

$$\begin{aligned}\int_0^{2\pi} x^2 \sin nx\, dx &= \left[x^2 \frac{(-\cos nx)}{n} \right]_0^{2\pi} - \int_0^{2\pi} 2x \cdot \frac{-\cos nx}{n} dx \\ &= -\frac{4\pi^2}{n} + \frac{2}{n} \int_0^{2\pi} x \cos nx\, dx\end{aligned}$$

さらにもう一度部分積分を利用すると

$$\int_0^{2\pi} x \cos nx\, dx = \left[x \frac{\sin nx}{n} \right]_0^{2\pi} - \int_0^{2\pi} \frac{\sin nx}{n} dx = \left[\frac{\cos nx}{n^2} \right]_0^{2\pi} = 0$$

よって

$$b_n = -\frac{4\pi}{n}$$

となる。結局、フーリエ級数展開は

$$F(x) = \frac{a_0}{2} + \sum_{n=1}^{\infty}(a_n \cos nx + b_n \sin nx) = \frac{4\pi^2}{3} + \sum_{n=1}^{\infty}(\frac{4}{n^2}\cos nx - \frac{4\pi}{n}\sin nx)$$

で与えられる。

　せっかくの機会であるので、前問で得られたフーリエ級数展開式が、どの程度の近似になっているかを見てみよう。対象の関数は

$$F(x) = x^2 \quad (0 \leq x \leq 2\pi)$$

であり、この関数のフーリエ級数展開式は

$$F(x) = \frac{4\pi^2}{3} + \sum_{n=1}^{\infty}(\frac{4}{n^2}\cos nx - \frac{4\pi}{n}\sin nx)$$

である。より具体的に書き出すと

$$F(x) = \frac{4\pi^2}{3} + 4\left(\frac{\cos x}{1} + \frac{\cos 2x}{2^2} + \frac{\cos 3x}{3^2} + \cdots\right) - 4\pi\left(\frac{\sin x}{1} + \frac{\sin 2x}{2} + \frac{\sin 3x}{3} + \cdots\right)$$

という級数展開式となる。

　ここで $n=5$ 項までを計算してプロットすると図2-8に示すように、級数の項の数が増えるにしたがって次第に $F(x) = x^2$ $(0 \leq x \leq 2\pi)$ のグラフに漸近していく様子が分かる。ここで、$n=0$ の項 $(a_0/2)$、つまり $4\pi^2/3$ は、この関数のこの区間における平均値に相当する。つぎに $n=1$ までの項は

$$F_1(x) = \frac{4\pi^2}{3} + 4\cos x - 4\pi \sin x$$

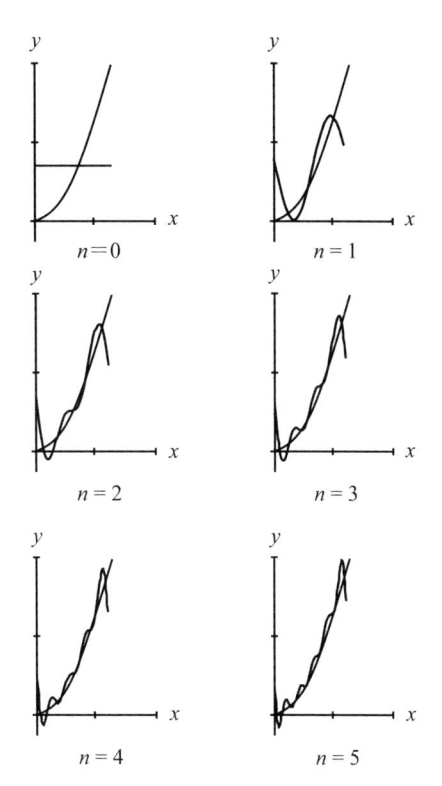

図 2-8 $y=x^2$ のフーリエ級数展開式の漸近の様子。項数が増えるに従って、しだいに $y=x^2$ のグラフに近づいていく様子が分かる。

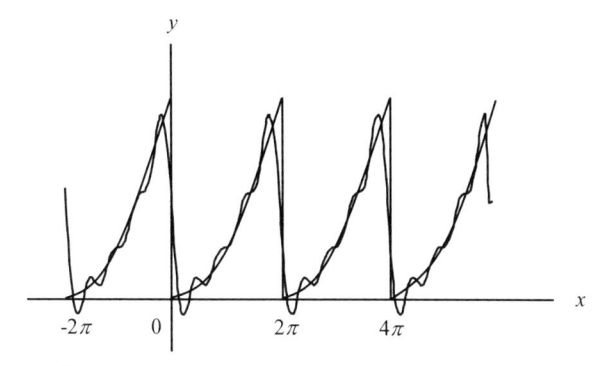

図 2-9 $y=x^2$ のフーリエ級数展開式のグラフ。このようにフーリエ級数展開式を x の広い範囲にわたってグラフ化すると、周期 2π からなる周期関数となる。

となるが、これは最初の平均値に、$\cos x, \sin x$ の項で修正を加えたものと考えられる。つぎの $n=2$ までの項は

$$F_2(x) = \frac{4\pi^2}{3} + 4\cos x + \cos 2x - 4\pi \sin x - 2\pi \sin 2x$$

となる。これは、$\cos 2x, \sin 2x$ という波数の大きい波（あるいはより周期の短い波）で、さらに詳細な修正を加えたものである。以下、図 2-8 に示すように、項数が増えるにしたがって、順次、修正を加えながら、本来の関数のかたちに近づいていく様子が分かる。

ところで、図 2-8 ではフーリエ級数展開式のグラフを 0 から 2π までの範囲でしか示していないが、本来の x の定義域は全領域に及ぶ。そこで、あらためて、$n=4$ の場合のグラフを、より広い範囲で描くと、図 2-9 に示すように連続したものとなる。ここで、得られたフーリエ級数展開のグラフは、2π を周期とした周期関数であるが、図 2-7 に示すように、$x = 2n\pi$ ごとに不連続点があらわれる。この場合、不連続点 $x = 2\pi$ におけるフーリエ級数の値は

$$\lim_{x \to 2\pi} F(x) = \frac{F(2\pi - 0) + F(2\pi + 0)}{2}$$

となって、不連続点の前後の値の平均値となる。当然のことながら、不連続点の前後では急激な変化をともなうので収束が悪くなる。

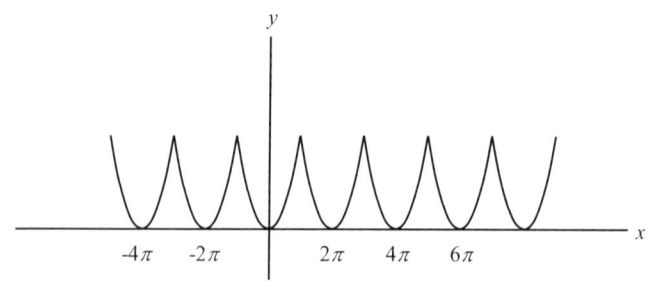

図 2-10　$y = x^2$ のグラフで周期が $-\pi$ から π の場合のグラフ。同じ $y = x^2$ から出発しているが、その周期によって図 2-7 のグラフとは様相がまったく異なる。

第 2 章　フーリエ級数展開

ところで、フーリエ級数展開では、対象とする関数が同じ場合でも、周期の範囲が異なると、級数展開式も違ってくる。それを確認してみよう。いま関数として

$$F(x) = x^2 \quad (-\pi \leq x \leq \pi)$$

を考える。この場合の周期は $-\pi$ から π である。よって、この周期関数は図 2-10 に示したものとなる。(同じ関数ではあるが、図 2-7 とはまったく異なる。)

さっそく、この周期関数のフーリエ係数を求めてみよう。まず、最初の項 a_0 は

$$a_0 = \frac{1}{\pi}\int_{-\pi}^{\pi} F(x)dx = \frac{1}{\pi}\int_{-\pi}^{\pi} x^2 dx = \frac{1}{\pi}\left[\frac{x^3}{3}\right]_{-\pi}^{\pi} = \frac{2\pi^2}{3}$$

となる。次に、一般項 a_n は

$$a_n = \frac{1}{\pi}\int_{-\pi}^{\pi} F(x)\cos nx\,dx = \frac{1}{\pi}\int_{-\pi}^{\pi} x^2 \cos nx\,dx$$

ここで、部分積分 (integration by parts) を利用する。

すると、上式の右辺は

$$\int_{-\pi}^{\pi} x^2 \cos nx\,dx = \left[x^2 \frac{\sin nx}{n}\right]_{-\pi}^{\pi} - \int_{-\pi}^{\pi} 2x \cdot \frac{\sin nx}{n}dx = -\frac{2}{n}\int_{-\pi}^{\pi} x\sin nx\,dx$$

と変形できる。さらに、もう一度、部分積分を適用すると

$$\int_{-\pi}^{\pi} x\sin nx\,dx = \left[x \cdot \frac{(-\cos nx)}{n}\right]_{-\pi}^{\pi} + \int_{-\pi}^{\pi} \frac{\cos nx}{n}dx = (-1)^{n+1}\frac{2}{n} + \left[\frac{\sin nx}{n^2}\right]_{-\pi}^{\pi} = (-1)^{n+1}\frac{2}{n}$$

となり、結局

$$a_n = (-1)^n \frac{4}{n^2}$$

が得られる。次に、係数 b_n は

$$b_n = \frac{1}{\pi}\int_{-\pi}^{\pi} F(x)\sin nx\, dx = \frac{1}{\pi}\int_{-\pi}^{\pi} x^2 \sin nx\, dx$$

ここでも、部分積分を利用する。

$$\int_{-\pi}^{\pi} x^2 \sin nx\, dx = \left[x^2 \frac{(-\cos nx)}{n}\right]_{-\pi}^{\pi} - \int_{-\pi}^{\pi} 2x\cdot\frac{-\cos nx}{n}dx = \frac{2}{n}\int_{-\pi}^{\pi} x\cos nx\, dx$$

さらにもう一度部分積分を利用すると

$$\int_{-\pi}^{\pi} x\cos nx\, dx = \left[x\frac{\sin nx}{n}\right]_{-\pi}^{\pi} - \int_{-\pi}^{\pi}\frac{\sin nx}{n}dx = \left[\frac{\cos nx}{n^2}\right]_{-\pi}^{\pi} = 0$$

よって $b_n = 0$ となる。結局、フーリエ級数展開は

$$F(x) = \frac{a_0}{2} + \sum_{n=1}^{\infty}(a_n\cos nx + b_n\sin nx) = \frac{\pi^2}{3} + \sum_{n=1}^{\infty}(-1)^n\frac{4}{n^2}\cos nx$$

で与えられる。より具体的に書き出せば

$$F(x) = \frac{\pi^2}{3} - 4\left(\frac{\cos x}{1^2} - \frac{\cos 2x}{2^2} + \frac{\cos 3x}{3^2} - \frac{\cos 4x}{4^2} + \cdots\right)$$

となる。このように、同じ $F(x) = x^2$ をフーリエ級数展開した場合でも、その範囲が違えば、結果も違ったものになる。

ここで、この展開式において $x = 0$ を代入すると

$$F(0) = \frac{\pi^2}{3} - 4\left(\frac{1}{1^2} - \frac{1}{2^2} + \frac{1}{3^2} - \frac{1}{4^2} + \cdots\right) = 0$$

となるので

$$\frac{\pi^2}{12} = \frac{1}{1^2} - \frac{1}{2^2} + \frac{1}{3^2} - \frac{1}{4^2} + \frac{1}{5^2} - \frac{1}{6^2} + \cdots$$

という級数式が得られる。さらに $x = \pi$ を代入すると

$$F(\pi) = \frac{\pi^2}{3} - 4\left(\frac{1}{1^2} + \frac{1}{2^2} + \frac{1}{3^2} + \frac{1}{4^2} + \cdots\right) = \pi^2$$

となって

$$\frac{\pi^2}{6} = \frac{1}{1^2} + \frac{1}{2^2} + \frac{1}{3^2} + \frac{1}{4^2} + \frac{1}{5^2} + \frac{1}{6^2} + \cdots$$

という級数式が得られる。この他にも、フーリエ級数展開を利用して数多くの級数展開式が得られている。

演習 2-4 $y = x$ を $0 \leq x \leq 2\pi$ および $-\pi \leq x \leq \pi$ (図 2-11 参照) の周期でフーリエ級数展開せよ。

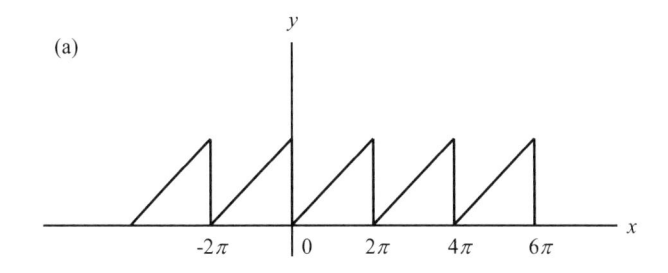

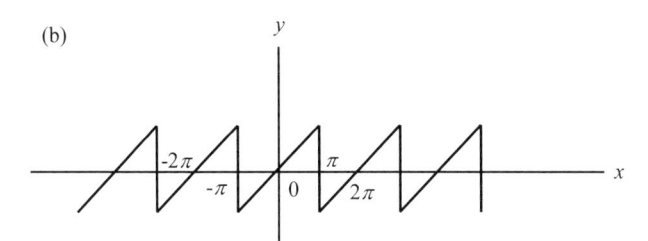

図 2-11 $y = x$ のグラフにおいて、周期が (a) 0 から 2π の場合と、(b) $-\pi$ から π の場合のグラフ。

解）まず $0 \leq x \leq 2\pi$ の周期のフーリエ級数展開を考える。まず、最初の係数 a_0 は

$$a_0 = \frac{1}{\pi}\int_0^{2\pi} F(x)dx = \frac{1}{\pi}\int_0^{2\pi} xdx = \frac{1}{\pi}\left[\frac{x^2}{2}\right]_0^{2\pi} = 2\pi$$

次に、係数 a_n は

$$a_n = \frac{1}{\pi}\int_0^{2\pi} F(x)\cos nx dx = \frac{1}{\pi}\int_0^{2\pi} x\cos nx dx$$

ここで、部分積分を行うと

$$\int_0^{2\pi} x\cos nx dx = \left[x\left(\frac{1}{n}\right)\sin nx\right]_0^{2\pi} - \frac{1}{n}\int_0^{2\pi}\sin nx dx$$

$$= 0 + \left(\frac{1}{n}\right)^2[\cos nx]_0^{2\pi} = \left(\frac{1}{n}\right)^2(1-1) = 0$$

となり、結局 $a_n = 0$ が得られる。次に、係数 b_n は

$$b_n = \frac{1}{\pi}\int_0^{2\pi} F(x)\sin nx dx = \frac{1}{\pi}\int_0^{2\pi} x\sin nx dx$$

ここでも、部分積分を利用する。

$$\int_0^{2\pi} x\sin nx dx = \left[x\left(\frac{1}{n}\right)(-\cos nx)\right]_0^{2\pi} + \frac{1}{n}\int_0^{2\pi}\cos nx dx$$

$$= -\frac{2\pi}{n} + \left(\frac{1}{n}\right)^2[\sin nx]_0^{2\pi} = -\frac{2\pi}{n}$$

よって

$$b_n = -\frac{2}{n}$$

となる。結局、フーリエ級数展開は

$$F(x) = \frac{a_0}{2} + \sum_{n=1}^{\infty}(a_n \cos nx + b_n \sin nx) = \pi + \sum_{n=1}^{\infty}\left(-\frac{2}{n}\sin nx\right)$$

で与えられ

$$F(x) = \pi - 2\left(\sin x + \frac{\sin 2x}{2} + \frac{\sin 3x}{3} + \cdots + \frac{\sin nx}{n} + \cdots\right)$$

という級数に書くことができる。

つぎに、周期が $-\pi \leq x \leq \pi$ では、最初の項 a_0 は

$$a_0 = \frac{1}{\pi}\int_{-\pi}^{\pi} F(x)dx = \frac{1}{\pi}\int_{-\pi}^{\pi} xdx = \frac{1}{\pi}\left[\frac{x^2}{2}\right]_{-\pi}^{\pi} = 0$$

次に、係数 a_n は

$$a_n = \frac{1}{\pi}\int_{-\pi}^{\pi} F(x)\cos nx dx = \frac{1}{\pi}\int_{-\pi}^{\pi} x\cos nx dx$$

ここで、部分積分を行うと

$$\int_{-\pi}^{\pi} x\cos nx dx = \left[x\left(\frac{1}{n}\right)\sin nx\right]_{-\pi}^{\pi} - \frac{1}{n}\int_{-\pi}^{\pi}\sin nx dx$$
$$= 0 + \left(\frac{1}{n}\right)^2[\cos nx]_{-\pi}^{\pi} = \left(\frac{1}{n}\right)^2\{\cos n\pi - \cos(-n\pi)\} = 0$$

となる。次に、係数 b_n は

$$b_n = \frac{1}{\pi}\int_{-\pi}^{\pi} F(x)\sin nx dx = \frac{1}{\pi}\int_{-\pi}^{\pi} x\sin nx dx$$

ここでも、部分積分を利用する。

$$\int_{-\pi}^{\pi} x\sin nx\, dx = \left[x\left(\frac{-\cos nx}{n}\right)\right]_{-\pi}^{\pi} + \frac{1}{n}\int_{-\pi}^{\pi} \cos nx\, dx$$

$$= \pi\frac{-\cos n\pi}{n} - (-\pi)\frac{-\cos(-n\pi)}{n} = -\frac{2\pi}{n}\cos n\pi = \frac{2\pi}{n}(-1)^{n+1}$$

よって $b_n = \dfrac{2}{n}(-1)^{n+1}$ となる。結局、フーリエ級数展開は

$$F(x) = \frac{a_0}{2} + \sum_{n=1}^{\infty}(a_n\cos nx + b_n\sin nx) = 2\sum_{n=1}^{\infty}(-1)^{n+1}\left(\frac{\sin nx}{n}\right)$$

で与えられる。級数のかたちで書くと

$$F(x) = 2\left(\sin x - \frac{\sin 2x}{2} + \frac{\sin 3x}{3} - \cdots + (-1)^{n+1}\frac{\sin nx}{n} + \cdots\right)$$

となる。あらためて、それぞれの級数展開式を書くと

$y = x \quad (0 \leq x \leq 2\pi)$ では

$$F(x) = \pi - 2\left(\sin x + \frac{\sin 2x}{2} + \frac{\sin 3x}{3} + \cdots + \frac{\sin nx}{n} + \cdots\right)$$

$y = x \quad (-\pi \leq x \leq \pi)$ では

$$F(x) = 2\left(\sin x - \frac{\sin 2x}{2} + \frac{\sin 3x}{3} - \cdots + (-1)^{n+1}\frac{\sin nx}{n} + \cdots\right)$$

となる。

　ここで、これら級数展開式を $n=3$ 項まで計算して近似した場合の結果を図 2-12 に示す。

演習 2-5　$\begin{cases} f(x) = -1 \;\; (-\pi \leq x \leq 0) \\ f(x) = 1 \;\; (0 \leq x \leq \pi)\end{cases}$　　（図 2-13）

の周期関数をフーリエ級数展開せよ。

$n=0$

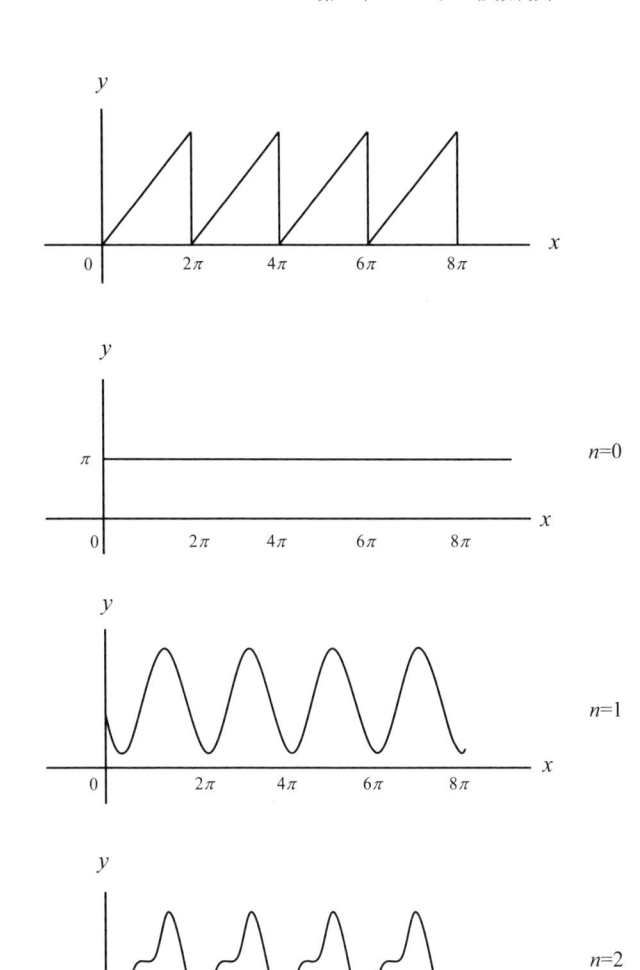

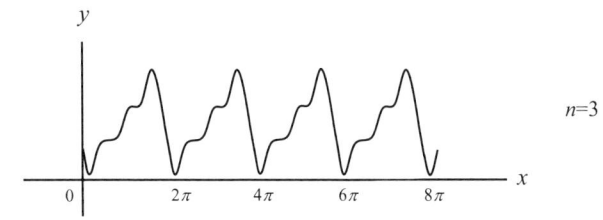

$n=1$

$n=2$

$n=3$

図 2-12(a) 図 2-11 に示した $y=x$ の周期関数のフーリエ級数展開式の $n=3$ 項までの漸近の様子。周期が 0 から 2π の場合。

図 2-12(b) 図 2-11 に示した $y=x$ の周期関数のフーリエ級数展開式の $n=3$ 項までの漸近の様子。周期が $-\pi$ から π の場合。

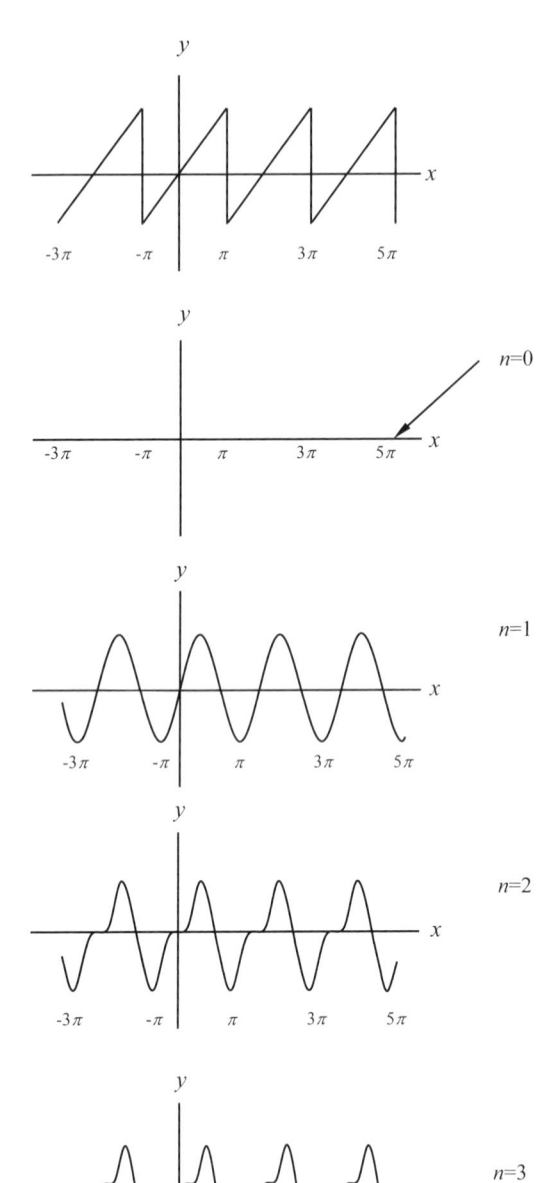

第 2 章　フーリエ級数展開

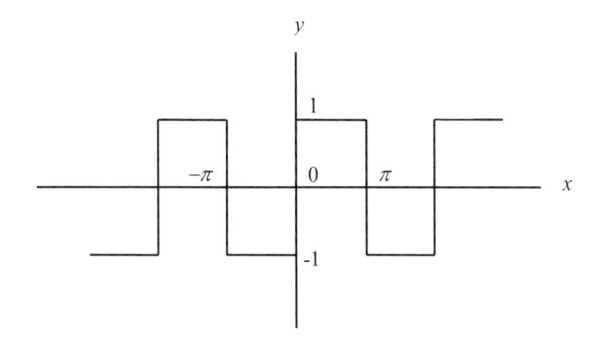

図 2-13　$y = 1\ (0 < x < \pi), y = -1\ (-\pi < x < 0)$ の周期関数のグラフ。

解）まず、最初の係数 a_0 は

$$a_0 = \frac{1}{\pi}\int_{-\pi}^{\pi}f(x)dx = \frac{1}{\pi}\int_{-\pi}^{0}(-1)dx + \frac{1}{\pi}\int_{0}^{\pi}(1)dx = \frac{1}{\pi}\left[-x\right]_{-\pi}^{0} + \frac{1}{\pi}\left[x\right]_{0}^{\pi} = 0$$

となる。次に、係数 a_n は

$$a_n = \frac{1}{\pi}\int_{-\pi}^{\pi}f(x)\cos nx\,dx = \frac{1}{\pi}\int_{-\pi}^{0}(-\cos nx)dx + \frac{1}{\pi}\int_{0}^{\pi}\cos nx\,dx$$

$$= -\frac{1}{\pi}\left[\frac{\sin nx}{n}\right]_{-\pi}^{0} + \frac{1}{\pi}\left[\frac{\sin nx}{n}\right]_{0}^{\pi} = \frac{1}{\pi}\frac{\sin(-n\pi)}{n} + \frac{1}{\pi}\frac{\sin(n\pi)}{n} = 0$$

次に、係数 b_n は

$$b_n = \frac{1}{\pi}\int_{-\pi}^{\pi}f(x)\sin nx\,dx = \frac{1}{\pi}\int_{-\pi}^{0}(-\sin nx)dx + \frac{1}{\pi}\int_{0}^{\pi}\sin nx\,dx$$

$$= \frac{1}{\pi}\left[\frac{\cos nx}{n}\right]_{-\pi}^{0} + \frac{1}{\pi}\left[-\frac{\cos nx}{n}\right]_{0}^{\pi}$$

$$= \frac{1}{\pi}\left[\frac{1-\cos(-n\pi)}{n}\right] + \frac{1}{\pi}\left[\frac{1-\cos(n\pi)}{n}\right] = \frac{2}{\pi}\left(\frac{1-\cos n\pi}{n}\right)$$

よって、フーリエ級数展開は

$$F(x) = \frac{a_0}{2} + \sum_{n=1}^{\infty}(a_n \cos nx + b_n \sin nx) = \sum_{n=1}^{\infty} \frac{2}{\pi}\left(\frac{1-\cos n\pi}{n}\right)\sin nx$$

で与えられる。ここで Σ 記号の中の一般項は

$$\frac{2}{\pi}\left(\frac{1-\cos n\pi}{n}\right)\sin nx = \frac{2}{\pi}\frac{\sin nx}{n} - \frac{2}{\pi}\frac{\sin nx \cos n\pi}{n}$$

となるが、これを書き出すと

$$\frac{2}{\pi}\left\{\left(\frac{\sin x}{1} - \frac{\sin x \cos \pi}{1}\right) + \left(\frac{\sin 2x}{2} - \frac{\sin 2x \cos 2\pi}{2}\right) + \left(\frac{\sin 3x}{3} - \frac{\sin 3x \cos 3\pi}{3}\right)\right.$$
$$\left. + \left(\frac{\sin 4x}{4} - \frac{\sin 4x \cos 4\pi}{4}\right) + \left(\frac{\sin 5x}{5} - \frac{2}{\pi}\frac{\sin 5x \cos 5\pi}{5}\right) + \left(\frac{\sin 6x}{6} - \frac{\sin 6x \cos 6\pi}{6}\right) + ...\right\}$$

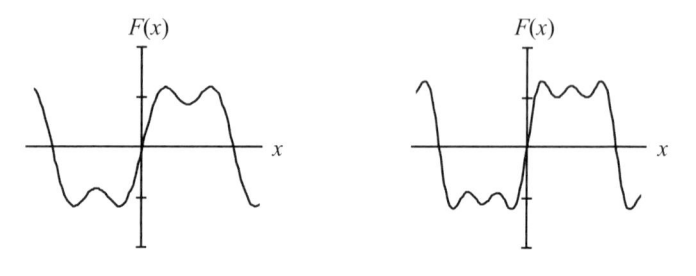

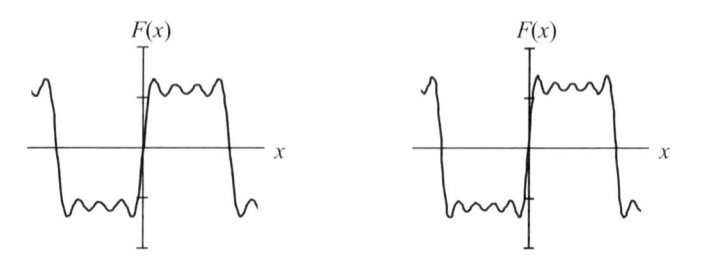

図 2-14 図 2-13 の方形波のフーリエ級数による漸近の様子。

となり、偶数の項はすべて相殺される。よって

$$F(x) = \frac{4}{\pi}\left(\sin x + \frac{\sin 3x}{3} + \frac{\sin 5x}{5} + \cdots + \frac{\sin(2n-1)x}{2n-1} + \cdots\right)$$

というフーリエ級数が得られる。この級数展開による漸近の様子を図 2-14 に示す。

2.5. 任意周期のフーリエ級数展開

前項の取り扱いは、$\sin nx$ および $\cos nx$ ともに周期が 2π の波を考えている。しかし、多くの波は周期がいつでも 2π とは限らない。そこで、任意の周期を持った一般の関数に対応させるためには、式を修正することが必要となる。

いま、ある関数の周期が図 2-15 に示すように $2L$ であったとする。すると

$$2\pi \to 2L \qquad nx \to \left(\frac{\pi}{L}\right) \qquad nx \to \frac{n\pi x}{L}$$

の変換が必要になる。また、$0 < x < 2\pi$ ($-\pi < x < \pi$) の積分範囲は $0 < x < 2L$ ($-L < x < L$) となる。

よって周期 $2L$ に対応したフーリエ級数の一般式は

$$F(x) = \frac{a_0}{2} + \sum_{n=1}^{\infty}(a_n \cos\frac{n\pi x}{L} + b_n \sin\frac{n\pi x}{L})$$

$$\begin{cases} a_n = \frac{1}{L}\int_0^{2L} F(x)\cos\frac{n\pi x}{L}dx \\ b_n = \frac{1}{L}\int_0^{2L} F(x)\sin\frac{n\pi x}{L}dx \end{cases} \qquad (n = 1, 2, 3, 4....)$$

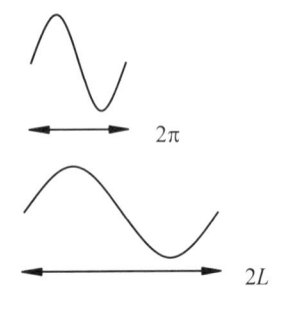

図 2-15 フーリエ級数の周期を 2π から、一般的な $2L$ に拡張した場合の変換。

で与えられる。ここで、任意の周期に対応した関数を、フーリエ級数展開する場合の手順をまとめてみよう。

まとめ　フーリエ級数展開の手順

1) フーリエ級数展開を行う対象の関数の周期を確認する。

2) 周期 $2L$ を確認したら、その周期でどのような関数 $F(x)$ に対応するかを確認する。

3) 最初の係数 a_0 を次式をつかって求める。

$$a_0 = \frac{1}{L}\int_0^{2L} F(x)dx \quad \text{あるいは} \quad a_0 = \frac{1}{L}\int_{-L}^{L} F(x)dx$$

ここで、$a_0/2$ は、この関数の1周期区間における平均値を与える。

4) つぎに、一般項の $\sin(n\pi x/L)$ および $\cos(n\pi x/L)$ のフーリエ係数を次式を使って求める。

$$a_n = \frac{1}{L}\int_0^{2L} F(x)\cos\frac{n\pi x}{L}dx \quad \text{あるいは} \quad a_n = \frac{1}{L}\int_{-L}^{L} F(x)\cos\frac{n\pi x}{L}dx$$

$$b_n = \frac{1}{L}\int_0^{2L} F(x)\sin\frac{n\pi x}{L}dx \quad \text{あるいは} \quad b_n = \frac{1}{L}\int_{-L}^{L} F(x)\sin\frac{n\pi x}{L}dx$$

5) 最後に、フーリエ級数展開の一般式

$$F(x) = \frac{a_0}{2} + \sum_{n=1}^{\infty}(a_n \cos\frac{n\pi x}{L} + b_n \sin\frac{n\pi x}{L})$$

に各係数を代入すると

$$F(x) = \frac{1}{2L}\int_0^{2L} F(x)dx + \frac{1}{L}\sum_{n=1}^{\infty}(\cos\frac{n\pi x}{L}\int_0^{2L} F(x)\cos\frac{n\pi x}{L}dx$$
$$+ \sin\frac{n\pi x}{L}\int_0^{2L} F(x)\sin\frac{n\pi x}{L}dx)$$

あるいは

$$F(x) = \frac{1}{2L}\int_{-L}^{L} F(x)dx + \frac{1}{L}\sum_{n=1}^{\infty}(\cos\frac{n\pi x}{L}\int_{-L}^{L} F(x)\cos\frac{n\pi x}{L}dx$$
$$+ \sin\frac{n\pi x}{L}\int_{-L}^{L} F(x)\sin\frac{n\pi x}{L}dx)$$

となって、フーリエ級数展開が完了する。

演習 2-6 $y = x$ $(0 \leq x \leq 2L)$ をフーリエ級数展開せよ。

解) まず、最初の項 a_0 は

$$a_0 = \frac{1}{L}\int_0^{2L} F(x)dx = \frac{1}{L}\int_0^{2L} xdx = \frac{1}{L}\left[\frac{x^2}{2}\right]_0^{2L} = 2L$$

(つまり、この区間における平均値は L である。) 次に、一般項 a_n は

$$a_n = \frac{1}{L}\int_0^{2L} F(x)\cos\frac{n\pi x}{L}dx = \frac{1}{L}\int_0^{2L} x\cos\frac{n\pi x}{L}dx$$

ここで、部分積分を行うと

$$\int_0^{2L} x\cos\frac{n\pi x}{L}dx = \left[x\left(\frac{L}{n\pi}\right)\sin\frac{n\pi x}{L}\right]_0^{2L} - \frac{L}{n\pi}\int_0^{2L}\sin\frac{n\pi x}{L}dx$$

$$= 0 + \left(\frac{L}{n\pi}\right)^2\left[\cos\frac{n\pi x}{L}\right]_0^{2L} = 0$$

となり、結局 $a_n = 0$ が得られる。次に、係数 b_n は

$$b_n = \frac{1}{L}\int_0^{2L} F(x)\sin\frac{n\pi x}{L}dx = \frac{1}{L}\int_0^{2L} x\sin\frac{n\pi x}{L}dx$$

ここでも、部分積分を利用する。

$$\int_0^{2L} x\sin\frac{n\pi x}{L}dx = \left[x\left(\frac{L}{n\pi}\right)\left(-\cos\frac{n\pi x}{L}\right)\right]_0^{2L} + \frac{L}{n\pi}\int_0^{2L}\cos\frac{n\pi x}{L}dx$$

$$= -\frac{2L^2}{n\pi} + \left(\frac{L}{n\pi}\right)^2\left[\sin\frac{n\pi x}{L}\right]_0^{2L} = -\frac{2L^2}{n\pi}$$

よって

$$b_n = -\frac{2L}{n\pi}$$

となる。結局、フーリエ級数展開は

$$F(x) = \frac{a_0}{2} + \sum_{n=1}^{\infty}(a_n\cos\frac{n\pi x}{L} + b_n\sin\frac{n\pi x}{L}) = L + \sum_{n=1}^{\infty}(-\frac{2L}{n\pi}\sin\frac{n\pi x}{L})$$

で与えられる。具体的に項を書き出すと

$$F(x) = L - \frac{2L}{\pi}\left(\frac{\sin(\pi x/L)}{1} + \frac{\sin(2\pi x/L)}{2} + \frac{\sin(3\pi x/L)}{3} + \cdots\right)$$

となる。ここで、$L = \pi$ とすると

$$F(x) = \pi - 2\left(\sin x + \frac{\sin 2x}{2} + \frac{\sin 3x}{3} + \frac{\sin 4x}{4} + \cdots\right)$$

となり、当然のことながら、演習 2-4 で求めた $y = x$ $(0 \leq x \leq 2\pi)$ のフーリエ級数展開と一致する。

2.6. フーリエ級数展開式の微積分

冒頭において、ある関数を級数展開する利点のひとつに、級数展開式を利用して項別に微分および積分が可能となるという説明をした。フーリエ級数展開でも同様であるが、注意すべき点がある。

それは、関数によっては、うまく微分できない場合があるという事実である。この理由は簡単であるが、そのまえにフーリエ級数展開式の項別微分を行ってみよう。

2.6.1. フーリエ級数の微分
フーリエ級数展開の一般式は

$$F(x) = \frac{a_0}{2} + \sum_{n=1}^{\infty}(a_n \cos nx + b_n \sin nx)$$

であった。(より一般には任意の区間に対応した展開式を使うべきであるが、考え方は一緒なので、周期 2π に対応した式を使う。) 分かりやすくするために、項を書き出すと

$$F(x) = \frac{a_0}{2} + a_1 \cos x + b_1 \sin x + a_2 \cos 2x + b_2 \sin 2x + \ldots \\ + a_n \cos nx + b_n \sin nx + \ldots$$

となる。この微分をとると

$$\frac{dF(x)}{dx} = -a_1 \sin x + b_1 \cos x - 2a_2 \sin 2x + 2b_2 \cos 2x + \ldots$$
$$- na_n \sin nx + nb_n \cos nx + \ldots$$

となる。よって一般式にまとめると

$$\frac{dF(x)}{dx} = \sum_{n=1}^{\infty} \left(-na_n \sin nx + nb_n \cos nx \right)$$

で与えられることになる。あるいは和の中の順序を変えて

$$\frac{dF(x)}{dx} = \sum_{n=1}^{\infty} \left(nb_n \cos nx - na_n \sin nx \right)$$

と表記してもよい。

演習 2-7 $F(x) = x^2$ $(-\pi \leq x \leq \pi)$ のフーリエ級数展開式の微分を行い、$f(x) = x$ $(-\pi \leq x \leq \pi)$ のフーリエ級数展開式と比較せよ。

解) $F(x) = x^2$ $(-\pi \leq x \leq \pi)$ のフーリエ級数展開は

$$F(x) = \frac{\pi^2}{3} - 4\left(\frac{\cos x}{1^2} - \frac{\cos 2x}{2^2} + \frac{\cos 3x}{3^2} - \frac{\cos 4x}{4^2} + \cdots \right)$$

であった。これを微分すると

$$\frac{dF(x)}{dx} = 4\left(\frac{\sin x}{1^2} - \frac{2\sin 2x}{2^2} + \frac{3\sin 3x}{3^2} - \frac{4\sin 4x}{4^2} + \cdots \right)$$
$$= 4\left(\frac{\sin x}{1} - \frac{\sin 2x}{2} + \frac{\sin 3x}{3} - \frac{\sin 4x}{4} + \cdots \right) = 4\sum_{n=1}^{\infty} (-1)^{n+1} \frac{\sin nx}{n}$$

ここで $f(x) = x$ $(-\pi \leq x \leq \pi)$ のフーリエ級数展開は、演習 2-4 より

第 2 章　フーリエ級数展開

$$f(x) = 2\sum_{n=1}^{\infty}(-1)^{n+1}\frac{\sin nx}{n}$$

$$f(x) = 2\left(\sin x - \frac{\sin 2x}{2} + \frac{\sin 3x}{3} - \cdots + (-1)^{n+1}\frac{\sin nx}{n} + \cdots\right)$$

で与えられる。ここで、$F(x) = x^2$ を微分すると

$$\frac{dF(x)}{dx} = 2x = 2f(x)$$

となるが、上の級数展開式の微分は、この関係を満足している。

　ただし、周期関数でも三角波や方形波の場合には、その級数展開式を微分できない。これは、図 2-16 に示すように、$y = x$ のかたちの三角波では、コーナーのところで傾きの急激な変化（1 から $-\infty$）をともなうので、もともと微分することができないからである。

　冒頭で、微分方程式の解法にフーリエ級数展開が利用できると紹介しながら、微分ができない場合があるというと矛盾を感じるかもしれないが、通常の微分方程式の解に三角波が現れることはない。つまり、微分方程式の解は微分可能ななめらかな関数となるから問題はないのである。

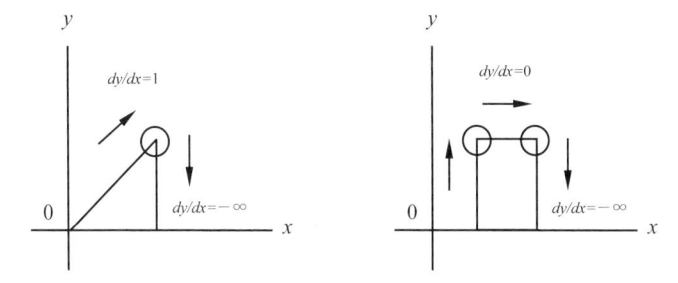

図 2-16 フーリエ級数展開式の項別微分が不可能な関数の例。図のような三角波や方形波は急激な変化をともなうため、微分不可能な点が存在する。このような周期関数のフーリエ級数展開式を項別微分することはできない。

そこで、微分のできない例として、前問でも解析した $f(x) = x$ $(-\pi \leq x \leq \pi)$ の微分を調べてみよう。このフーリエ級数展開は

$$f(x) = 2\left(\sin x - \frac{\sin 2x}{2} + \frac{\sin 3x}{3} - \cdots + (-1)^{n+1}\frac{\sin nx}{n} + \cdots\right)$$

であった。これを項別に微分すると

$$\frac{df(x)}{dx} = 2\left(\cos x - \cos 2x + \cos 3x - \cdots + (-1)^{n+1}\cos nx + \cdots\right)$$

ここで $df(x)/dx$ は 1 であるから

$$1 = 2\left(\cos x - \cos 2x + \cos 3x - \cdots + (-1)^{n+1}\cos nx + \cdots\right)$$

となるが、この等式が成り立たないことは明らかである。たとえば、$-\pi \leq x \leq \pi$ の範囲にある $x = \pi/2$ を代入すると、右辺は

$$2(0 + 1 + 0 - 1 + 0 + \cdots)$$

となって、発散してしまう。

演習 2-8 $F(x) = x^2$ $(0 \leq x \leq 2\pi)$ のフーリエ級数展開式の微分を行い、$f(x) = x$ $(0 \leq x \leq 2\pi)$ のフーリエ級数展開式と比較せよ。

解) $F(x) = x^2$ $(0 \leq x \leq 2\pi)$ のフーリエ級数展開は

$$F(x) = \frac{4\pi^2}{3} + \sum_{n=1}^{\infty}\left(\frac{4}{n^2}\cos nx - \frac{4\pi}{n}\sin nx\right)$$

であった。より具体的に書き出すと

$$F(x) = \frac{4\pi^2}{3} + 4\left(\frac{\cos x}{1} + \frac{\cos 2x}{2^2} + \frac{\cos 3x}{3^2} + \cdots\right) - 4\pi\left(\frac{\sin x}{1} + \frac{\sin 2x}{2} + \frac{\sin 3x}{3} + \cdots\right)$$

である。これを微分すると

$$\frac{dF(x)}{dx} = -4\left(\sin x + \frac{\sin 2x}{2} + \frac{\sin 3x}{3} + \cdots\right) - 4\pi(\cos x + \cos 2x + \cos 3x + \cdots)$$

ここで $f(x) = x$ ($0 \leq x \leq 2\pi$) のフーリエ級数展開は、演習 2-4 より

$$f(x) = \pi + \sum_{n=1}^{\infty}\left(-\frac{2}{n}\sin nx\right)$$

$$f(x) = \pi - 2\left(\sin x + \frac{\sin 2x}{2} + \frac{\sin 3x}{3} + \cdots + \frac{\sin nx}{n} + \cdots\right)$$

と与えられる。よって、この場合も $dF(x)/dx = 2f(x)$ の関係を満たしていない。

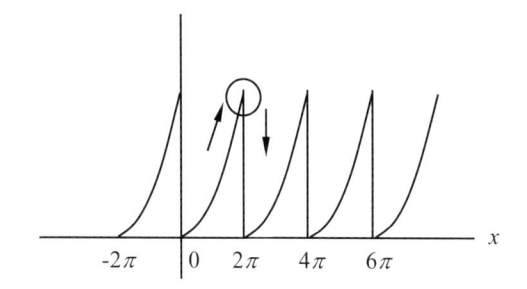

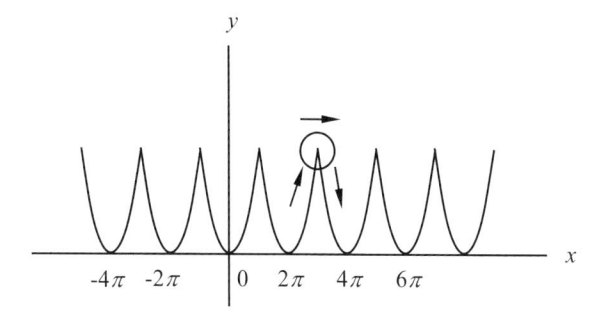

図 2-17 $y = x^2$ の周期関数の比較。周期が 0 から 2π の場合、$x = 2n\pi$ の点で、傾きは 4π からマイナス ∞ への急激な変化をともない、微分不能である。

このように、同じ $y = x^2$ のフーリエ級数展開式であっても、考える周期によって微分ができる場合とできない場合に分かれてしまう。この理由を少し考えてみよう。周期の異なるグラフをプロットすると、図2-17のようになる。ここで、周期が0から 2π を選ぶと、$x = 2n\pi$ で不連続点があらわれ、しかもこれら点での傾きは有限の正の値 (4π) から$-\infty$に急激に変化する。一方、周期が $-\pi$ から π のグラフでは、$x = (2n+1)\pi$ で関数のなめらかさは失われるものの、急激な変化がなく、一応傾き (dy/dx) もこの前後で 2π, 0, -2π と値を求めることができる。ただし、三角関数では、いくらでもくり返し微分が可能であるが、この関数をさらにもう一度項別微分することはできない。なぜなら、1階微分したものに不連続点があらわれるからである。

このように、フーリエ級数展開が可能であっても、そのもとの関数が不連続点を有する場合には項別微分が不可能となる。

2. 6. 2. フーリエ級数の積分

微分と同様にして、フーリエ級数の積分も可能となる。ただし、積分範囲について少し考える必要がある。まず、積分範囲をその周期とすると

$$\frac{1}{2\pi}\int_{-\pi}^{\pi} F(x)dx = \frac{a_0}{2}$$

となって、最初の係数を求める式にしかならない。一方、周期の整数倍の広い範囲で積分した場合には

$$\frac{1}{2\pi}\int_{-n\pi}^{n\pi} F(x)dx = n\frac{a_0}{2}$$

となるだけの話であるから、これもあまり意味がない。そこで、基本周期内にある任意の点を x と考え、0から x までの範囲の積分を考える。こうすると、x が負の場合にも対応した一般式をつくることができる。

ここで、フーリエ級数展開を再び書くと

第 2 章　フーリエ級数展開

$$F(x) = \frac{a_0}{2} + a_1 \cos x + b_1 \sin x + a_2 \cos 2x + b_2 \sin 2x + \ldots$$
$$+ a_n \cos nx + b_n \sin nx + \ldots$$

であった。これを踏まえて、項別積分すると

$$\int_0^x F(x)dx = \int_0^x \frac{a_0}{2}dx + a_1\int_0^x \cos x dx + b_1\int_0^x \sin x dx + a_2\int_0^x \cos 2x dx + b_2\int_0^x \sin 2x dx +$$
$$\ldots + a_n\int_0^x \cos nx dx + b_n\int_0^x \sin nx dx + \ldots$$

となる。これを計算すると、まず $\cos nx$ と $\sin nx$ 項の積分は

$$\int_0^x \cos nx = \left[\frac{\sin nx}{n}\right]_0^x = \frac{\sin nx}{n} - \frac{\sin 0}{n} = \frac{\sin nx}{n}$$

$$\int_0^x \sin nx = \left[-\frac{\cos nx}{n}\right]_0^x = -\frac{\cos nx}{n} + \frac{\cos 0}{n} = \frac{-\cos nx}{n} + \frac{1}{n}$$

となる。よって、まとめて書くと

$$\int_0^x F(x)dx = \frac{a_0}{2}x + \sum_{n=1}^{\infty}\left(\frac{a_n}{n}\sin nx - \frac{b_n}{n}(\cos nx - 1)\right)$$

となる。

演習 2-9　$f(x) = x$　$(-\pi \leq x \leq \pi)$ のフーリエ級数展開式の項別積分を行い、$F(x) = x^2$　$(-\pi \leq x \leq \pi)$ のフーリエ級数展開式と比較せよ。

解)　$f(x) = x$　$(-\pi \leq x \leq \pi)$ のフーリエ級数展開は、演習 2-4 より

$$f(x) = 2\sum_{n=1}^{\infty}(-1)^{n+1}\frac{\sin nx}{n}$$

$$f(x) = 2\left(\sin x - \frac{\sin 2x}{2} + \frac{\sin 3x}{3} - \cdots + (-1)^{n+1}\frac{\sin nx}{n} + \cdots\right)$$

で与えられる。ここで、この展開式の項別積分を行うと

$$\int_0^x f(x)dx = 2\int_0^x \sin x dx - 2\int_0^x \frac{\sin 2x}{2}dx + 2\int_0^x \frac{\sin 3x}{3}dx - \cdots$$
$$+ (-1)^{n+1}2\int_0^x \frac{\sin nx}{n}dx + \cdots$$
$$\int_0^x f(x)dx = -2[\cos x]_0^x + 2\left[\frac{\cos 2x}{2^2}\right]_0^x - 2\left[\frac{\cos 3x}{3^2}\right]_0^x + \cdots + (-1)^n 2\left[\frac{\cos nx}{n^2}\right]_0^x + \cdots$$

となり、計算結果は

$$\int_0^x f(x)dx = -2\left(\cos x - \frac{\cos 2x}{2^2} + \frac{\cos 3x}{3^2} - \cdots + (-1)^{n+1}\frac{\cos nx}{n^2} + \cdots\right)$$
$$+ 2\left(1 - \frac{1}{2^2} + \frac{1}{3^2} - \frac{1}{4^2} + \frac{1}{5^2} - \frac{1}{6^2} + \cdots\right)$$

となる。ここで、2.4 項でみたように

$$\frac{\pi^2}{12} = \frac{1}{1^2} - \frac{1}{2^2} + \frac{1}{3^2} - \frac{1}{4^2} + \frac{1}{5^2} - \frac{1}{6^2} + \cdots$$

の関係にあるので

$$\int_0^x f(x)dx = -2\left(\cos x - \frac{\cos 2x}{2^2} + \frac{\cos 3x}{3^2} - \cdots + (-1)^{n+1}\frac{\cos nx}{n^2} + \cdots\right) + \frac{\pi^2}{6}$$

と与えられる。一方

$$\int_0^x f(x)dx = \int_0^x x dx = \left[\frac{x^2}{2}\right]_0^x = \frac{x^2}{2}$$

であるから

$$x^2 = \frac{\pi^2}{3} - 4\left(\cos x - \frac{\cos 2x}{2^2} + \frac{\cos 3x}{3^2} - \cdots + (-1)^n \frac{\cos nx}{n^2} + \cdots\right)$$

と与えられる。ここで $F(x) = x^2$ $(-\pi \leq x \leq \pi)$ のフーリエ級数展開は

$$F(x) = \frac{\pi^2}{3} - 4\left(\frac{\cos x}{1^2} - \frac{\cos 2x}{2^2} + \frac{\cos 3x}{3^2} - \frac{\cos 4x}{4^2} + \cdots\right)$$

であった。よって確かに、$f(x) = x$ $(-\pi \leq x \leq \pi)$ のフーリエ級数展開式を項別積分したものが、$F(x) = x^2$ $(-\pi \leq x \leq \pi)$ のフーリエ級数展開式に一致していることが分かる。

2.7. フーリエサインおよびコサイン級数

　これで、三角関数による級数展開の一般式が得られたことになる。ところで、この級数展開式は、かなり複雑である。もちろんこのままでも地道に計算すれば、すべての関数に対応できる。ただし、もう少し簡単にできれば、それに越したことはない。実際、関数によっては $\sin nx$ だけ、あるいは $\cos nx$ だけで級数展開できる場合があり、それを積極的に活用している。
　例えば $-L < x < L$ において

$$F(-x) = -F(x)$$

が成立する場合、この関数を奇関数 (odd function) と呼ぶ[3]。このとき

$$F(x)\cos\frac{n\pi x}{L} \text{ は奇関数、} F(x)\sin\frac{n\pi x}{L} \text{ は偶関数}$$

となり、一周期、つまり $-L < x < L$ で積分すると前者は

---

[3] これを一般区間 $0 < x < 2L$ で考えると、$F(L-x) = -F(x-L)$ となるが、分かりにくいので、区間 $-L < x < L$ で示した。

$y = x^3$

$y = x$

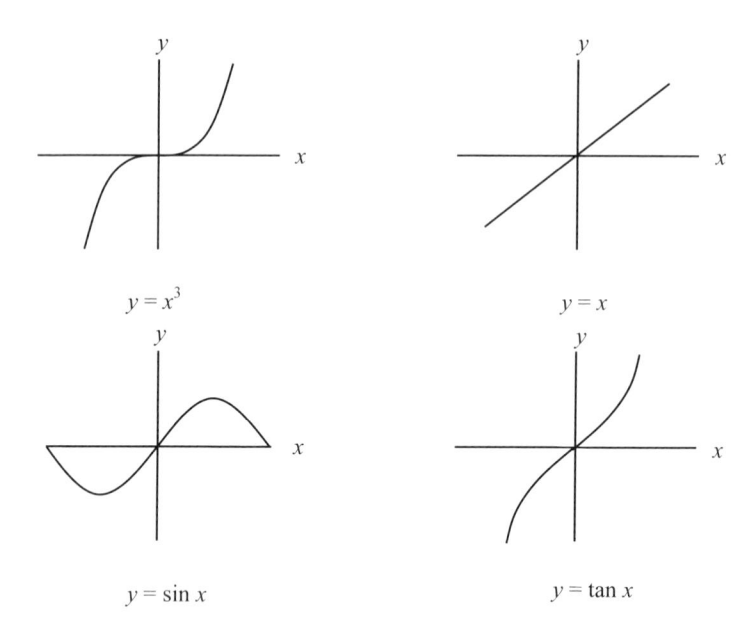

$y = \sin x$

$y = \tan x$

図 2-18 奇関数の例。

$$a_n = \frac{1}{L}\int_{-L}^{L} F(x)\cos\frac{n\pi x}{L}dx = 0$$

となり、関数は sin だけで級数展開できる。このとき、フーリエ級数展開式は

$$F(x) = \sum_{n=1}^{\infty} b_n \sin\frac{n\pi x}{L}$$

とかなり簡単になる。またフーリエ係数は、被積分関数が偶関数であることを考慮して

$$b_n = \frac{1}{L}\int_{-L}^{L} F(x)\sin\frac{n\pi x}{L}dx = \frac{2}{L}\int_{0}^{L} F(x)\sin\frac{n\pi x}{L}dx$$

$y = \cos x$

$y = x^2$

$y = \exp(x^2)$

$y = |x|$

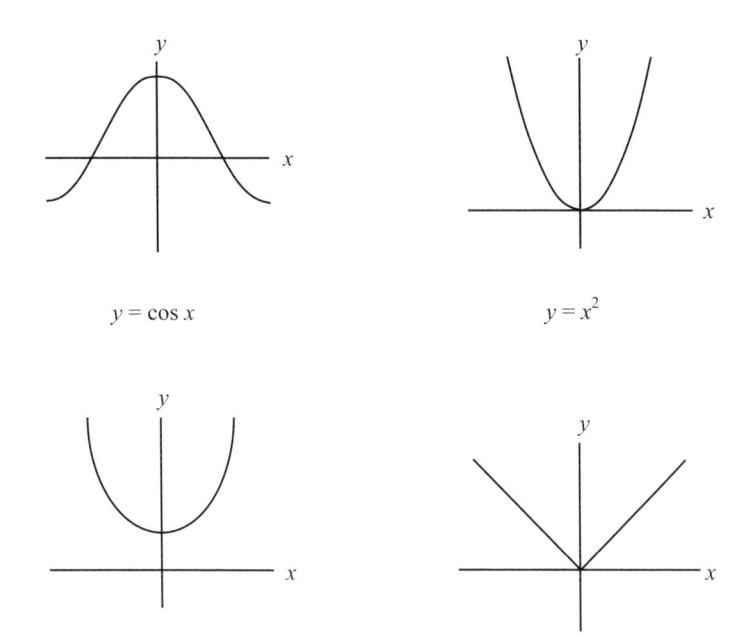

図 2-19 偶関数の例。

と与えられる。この形式をフーリエサイン級数 (Fourier sine series) と呼んでいる。ちょっと煩雑になるが、この係数まで含めてまとめて書くと

$$F(x) = \frac{2}{L} \sum_{n=1}^{\infty} \sin\frac{n\pi x}{L} \int_0^L F(x) \sin\frac{n\pi x}{L} dx$$

となる。

一方、級数展開している範囲 $-L < x < L$ において

$$F(-x) = F(x)$$

が成立する場合、この関数を偶関数 (even function) と呼ぶ。このとき

$$F(x)\cos\frac{n\pi x}{L} \text{ は偶関数、} F(x)\sin\frac{n\pi x}{L} \text{ は奇関数}$$

となり、一周期にわたって積分すると後者は

$$b_n = \frac{1}{L}\int_{-L}^{L} F(x)\sin\frac{n\pi x}{L}dx = 0$$

となり、フーリエ級数展開は

$$F(x) = \frac{a_0}{2} + \sum_{n=1}^{\infty} a_n \cos\frac{n\pi x}{L}$$

のように、cos だけで表すことができる。また、係数は

$$a_n = \frac{1}{L}\int_{-L}^{L} F(x)\cos\frac{n\pi x}{L}dx = \frac{2}{L}\int_{0}^{L} F(x)\cos\frac{n\pi x}{L}dx$$

で与えられる。この形式をフーリエコサイン級数 (Fourier cosine series) と呼んでいる。これも、まとめてひとつの式にすると

$$F(x) = \frac{1}{L}\int_{0}^{L} F(x)dx + \frac{2}{L}\sum_{n=1}^{\infty}\cos\frac{n\pi x}{L}\int_{0}^{L} F(x)\cos\frac{n\pi x}{L}dx$$

となる。

ある関数 $F(x)$ が与えられれば、その周期を $2L$ とすると、いま説明した手法でフーリエ級数展開することができる。

2.8. 2重フーリエ級数展開

いままで取り扱ってきたフーリエ級数展開は 1 変数に対するものであるが、変数が 2 個以上の場合にも、フーリエ級数展開は拡張できる。例えば、変数が 2 個の場合に対応したものを 2 重フーリエ級数 (double Fourier series)

と呼んでいる。いま $F(x, t)$ という2変数関数を考える。

$$F(x,t) = u(t)f(x)$$

とおいて、それぞれの関数のフーリエ級数展開を求める。

$$u(t) = \frac{a_0}{2} + \sum_{m=1}^{\infty}(a_m \cos mt + b_m \sin mt)$$

$$\begin{cases} a_m = \dfrac{1}{\pi}\displaystyle\int_0^{2\pi} u(t)\cos mt\,dt \\ b_m = \dfrac{1}{\pi}\displaystyle\int_0^{2\pi} u(t)\sin mt\,dt \end{cases} \quad (m = 1, 2, 3, 4....)$$

$$f(x) = \frac{A_0}{2} + \sum_{n=1}^{\infty}(A_n \cos nx + B_n \sin nx)$$

$$\begin{cases} A_n = \dfrac{1}{\pi}\displaystyle\int_0^{2\pi} f(x)\cos nx\,dx \\ B_n = \dfrac{1}{\pi}\displaystyle\int_0^{2\pi} f(x)\sin nx\,dx \end{cases} \quad (n = 1, 2, 3, 4....)$$

少し煩雑になるが、これらをかけ合わせると

$$\begin{aligned} F(x,t) &= u(t)f(x) \\ &= \left(\frac{a_0}{2} + \sum_{m=1}^{\infty}(a_m \cos mt + b_m \sin mt)\right)\left(\frac{A_0}{2} + \sum_{n=1}^{\infty}(A_n \cos nx + B_n \sin nx)\right) \end{aligned}$$

となる。これを、そのまま計算すると、かなり複雑になるが、地道に計算すれば一般式を求めることは可能である。

$$\begin{aligned} F(x,t) = &\frac{a_0 A_0}{4} + \frac{a_0}{2}\left(\sum_{n=1}^{\infty}(A_n \cos nx + B_n \sin nx)\right) + \frac{A_0}{2}\left(\sum_{m=1}^{\infty}(a_m \cos mt + b_m \sin mt)\right) \\ &+ \sum_{m=1}^{\infty}\sum_{n=1}^{\infty}(a_m \cos mt + b_m \sin mt)(A_n \cos nx + B_n \sin nx) \end{aligned}$$

たとえば、それぞれの級数がフーリエサイン級数で表されるとすると

$$F(x,t) = \sum_{m=1}^{\infty} \sum_{n=1}^{\infty} B_{mn} \sin mt \sin nx$$

となる。ただし、$B_{mn} = b_m B_n$ の関係にある。ただし、偏微分方程式の解法においては

$$F(x,t) = \frac{a_0(t)}{2} + \sum_{n=1}^{\infty} (a_n(t) \cos nx + b_n(t) \sin nx)$$

のように、フーリエ係数を定数ではなく t の関数として展開する方法もある。こちらの方が、どちらかと言えば実用的である。この応用については次章で紹介する。

2.9. フーリエ級数は万能か

フーリエ級数を使うという観点からは、あまり重要ではないので、あえてここまで無視してきたが、最後にフーリエ級数展開の収束性 (convergence) について考えてみよう。本章で示したように、三角波や方形波のように、不連続点があるような周期関数であっても、フーリエ級数展開することができる。それでは、周期関数ならば、すべてフーリエ級数展開が可能なのであろうか。

この問いに対しては、普通の理工系で扱う周期関数はすべてフーリエ級数展開できるというのが実用面からの答えである。実は、フーリエ級数展開の開祖であるフーリエは、すべての周期関数に対して有効であると主張していたが、当然反対意見もあった。結局、ディリクレ (Dirichlet) が収束するのに必要な条件を提示しており、ディリクレの条件として知られている。

これを噛み砕いて説明すると、まず $F(x)$ が周期関数であることが要求される。もともとフーリエ級数展開は周期関数を対象としているので、これ

は当たり前である。つぎの条件は、関数 $F(x)$ が有限個の不連続点しか持たないことである。これも、考えれば当たり前で、不連続点だらけであったら、級数展開の前に、関数として扱うことができない。最後に、不連続点を除いて $F(x)$ および $F'(x)$ が連続である。

ただし、ディリクレ条件は必要条件であって、十分条件ではないのである。つまり、フーリエ級数展開が収束する必要十分条件は分かっていないのである。よって、ディリクレの条件を満足するから、すべて収束するとは限らないということになる。

しかし、フーリエ級数展開できない周期関数は理工系の数学で登場することはまずない。また、フーリエ級数展開を利用するという立場からは、あまり収束性について気にする必要はないということを申し添えておく。

2.10. フーリエ級数展開のまとめ

最後に、代表的なフーリエ級数展開式をまとめて表示する。

$$F(x) = x^2 \quad (0 \leq x \leq 2\pi) \qquad F(x) = \frac{4\pi^2}{3} + \sum_{n=1}^{\infty} \left(\frac{4}{n^2} \cos nx - \frac{4\pi}{n} \sin nx \right)$$

$$F(x) = \frac{4\pi^2}{3} + 4\left(\frac{\cos x}{1} + \frac{\cos 2x}{2^2} + \frac{\cos 3x}{3^2} + \cdots \right) - 4\pi \left(\frac{\sin x}{1} + \frac{\sin 2x}{2} + \frac{\sin 3x}{3} + \cdots \right)$$

$$F(x) = x^2 \, (-\pi \leq x \leq \pi) \qquad F(x) = \frac{\pi^2}{3} + \sum_{n=1}^{\infty} (-1)^n \frac{4}{n^2} \cos nx$$

$$F(x) = \frac{\pi^2}{3} - 4\left(\frac{\cos x}{1^2} - \frac{\cos 2x}{2^2} + \frac{\cos 3x}{3^2} - \frac{\cos 4x}{4^2} + \cdots \right)$$

$$F(x) = x \, (0 \leq x \leq 2\pi) \qquad F(x) = \pi + \sum_{n=1}^{\infty} \left(-\frac{2}{n} \sin nx \right)$$

$$F(x) = \pi - 2\left(\sin x + \frac{\sin 2x}{2} + \frac{\sin 3x}{3} + \cdots + \frac{\sin nx}{n} + \cdots \right)$$

$$F(x) = x \quad (-\pi \leq x \leq \pi) \qquad F(x) = 2\sum_{n=1}^{\infty}(-1)^{n+1}\left(\frac{\sin nx}{n}\right)$$

$$F(x) = 2\left(\sin x - \frac{\sin 2x}{2} + \frac{\sin 3x}{3} + \cdots + (-1)^{n+1}\frac{\sin nx}{n} + \cdots\right)$$

$$\begin{cases} F(x) = -1 \; (-\pi \leq x \leq 0) \\ F(x) = \;\;\; 1 \;\; (\; 0 \leq x \leq \pi) \end{cases} \qquad F(x) = \sum_{n=1}^{\infty}\frac{2}{\pi}\left(\frac{1-\cos nx}{n}\right)\sin nx$$

$$F(x) = \frac{2}{\pi}\left(\sin x + \frac{\sin 3x}{3} + \frac{\sin 5x}{5} + \cdots + \frac{\sin(2n-1)x}{2n-1} + \cdots\right)$$

補遺 2-1　三角関数の加法定理

　三角関数 (trigonometric function) の加法定理 (addition theorem あるいは addition formulae)は、sin $(A+B)$ と cos $(A+B)$ を、sin A, sin B, cos A, cos B で表現する重要かつ有用な定理である。

　いま、図 2A-1 に示すように、斜辺の長さが 1 の直角三角形 abc を描く。ここで ∠abc が ∠A + ∠B とし、点 b から底辺 bc との角度が ∠A となるような直線を引く。つぎに点 a から直線 ac との角度が ∠A となるように直線を引き、先ほどの直線との交点を d とする。これら直線が、d で直交することは、三角形の相似から、すぐに分かる。

　つぎに d から、それぞれ直線 ac および直線 bc の延長線上に直交する直線を引き、その交点をそれぞれ f および e とする。

　この図を利用して加法定理を導いてみよう。
斜辺 ab の長さが 1 であるから

$$\overline{ac} = \sin(A+B)$$

となる。次に、直角三角形 abd において、辺の長さは

第 2 章　フーリエ級数展開

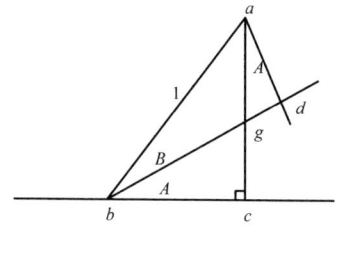

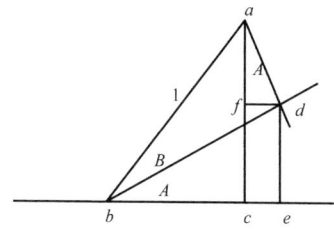

図 2A-1

$$\overline{ad} = \sin B, \quad \overline{bd} = \cos B$$

と与えられる。次に

$$\overline{af} = \overline{ad}\cos A = \cos A \sin B$$
$$\overline{fc} = \overline{de} = \overline{bd}\sin A = \sin A \cos B$$

であり

$$\overline{ac} = \overline{af} + \overline{fc}$$

の関係にあるから、結局

$$\sin(A+B) = \sin A \cos B + \cos A \sin B$$

となる。同様にして

$$\overline{bc} = \cos(A+B)$$

であり

$$\overline{be} = \overline{bd}\cos A = \cos A \cos B$$
$$\overline{ce} = \overline{fd} = \overline{ad}\sin A = \sin A \sin B$$

となって

$$\overline{bc} = \overline{be} - \overline{ce}$$

の関係にあるから

$$\cos(A+B) = \cos A \cos B - \sin A \sin B$$

となる。以上をまとめた

$$\sin(A+B) = \sin A \cos B + \cos A \sin B$$
$$\cos(A+B) = \cos A \cos B - \sin A \sin B$$

を加法定理と呼んでいる。この基本公式で、B に $-B$ を代入すると

$$\sin\{A+(-B)\} = \sin A \cos(-B) + \cos A \sin(-B) = \sin A \cos B - \cos A \sin B$$
$$\cos\{A+(-B)\} = \cos A \cos(-B) - \sin A \sin(-B) = \cos A \cos B + \sin A \sin B$$

となって、ただちに差の場合の公式

$$\sin(A-B) = \sin A \cos B - \cos A \sin B$$
$$\cos(A-B) = \cos A \cos B + \sin A \sin B$$

が得られる。

補遺 2-2　関数の内積

標準基底ベクトルを使うと、任意の 3 次元ベクトルは

第2章 フーリエ級数展開

$$\vec{b} = a_x \vec{e}_x + a_y \vec{e}_y + a_z \vec{e}_z = a_x \begin{pmatrix} 1 \\ 0 \\ 0 \end{pmatrix} + a_y \begin{pmatrix} 0 \\ 1 \\ 0 \end{pmatrix} + a_z \begin{pmatrix} 0 \\ 0 \\ 1 \end{pmatrix}$$

で与えられる。ここで $\vec{b}$ と $\vec{e}_x$ の内積をとると

$$\vec{b} \cdot \vec{e}_x = a_x \vec{e}_x \cdot \vec{e}_x + a_y \vec{e}_y \cdot \vec{e}_x + a_z \vec{e}_z \cdot \vec{e}_x = a_x$$

というように、基本ベクトルの直交関係のおかげで、x 成分の係数を取り出すことができる。

まったく同様のことが関数でも言える。いま、3 つの関数 $f_1(x), f_2(x), f_3(x)$ があり

$$\int_a^b f_1(x) f_2(x) dx = 0 \quad \int_a^b f_2(x) f_3(x) dx = 0 \quad \int_a^b f_3(x) f_1(x) dx = 0$$

の関係にあるとしよう。これは、関数の内積が互いに 0、つまり直交しているということを示している。いま任意の関数 $F(x)$ が

$$F(x) = a_1 f_1(x) + a_2 f_2(x) + a_3 f_3(x)$$

と書くことができるとしよう。ここで、この関数に $f_1(x)$ をかけて a から b の範囲で積分してみる。すると

$$\int_a^b F(x) f_1(x) dx = a_1 \int_a^b f_1(x) f_1(x) dx + a_2 \int_a^b f_2(x) f_1(x) dx + a_3 \int_a^b f_3(x) f_1(x) dx$$
$$= a_1 \int_a^b f_1(x) f_1(x) dx = a_1 \int_a^b f_1^2(x) dx$$

となって、うまく a_1 の項を取り出すことができる。ここでもし

$$\int_a^b f_1(x) f_1(x) dx = \int_a^b f_1^2(x) dx = 1$$

と正規化されていれば、ベクトルと同様にただちに係数 a_1 を求めることが

できる。正規化されていない場合には、$f_1(x)$ にそのノルムの逆数

$$\frac{1}{|f_1(x)|} = \frac{1}{\sqrt{(f_1,f_1)}} = \frac{1}{\sqrt{\int_a^b f_1^{\,2}(x)dx}}$$

をかければ、正規化することができる。つまり

$$e_1(x) = \frac{f_1(x)}{\sqrt{\int_a^b f_1^{\,2}(x)dx}}$$

とおけば

$$\int_a^b e_1(x)e_1(x)dx$$
$$= \int_a^b \frac{f_1(x)}{\sqrt{\int_a^b f_1^{\,2}(x)dx}} \frac{f_1(x)}{\sqrt{\int_a^b f_1^{\,2}(x)dx}} dx = \frac{1}{\int_a^b f_1^{\,2}(x)dx} \int_a^b f_1^{\,2}(x)dx = 1$$

となって、この積分値が 1 となる関数をつくることができる。同様にして

$$e_2(x) = \frac{f_2(x)}{\sqrt{\int_a^b f_2^{\,2}(x)dx}} \qquad e_3(x) = \frac{f_3(x)}{\sqrt{\int_a^b f_3^{\,2}(x)dx}}$$

で正規直交化基底をつくることができる。ここで、積分範囲については以上の関係を満足すれば、どんな範囲でも構わないが、関数系によっておのずと決まってくる。例えば、フーリエ級数で $\sin kx$ と $\cos kx$ を考えると、その範囲は $-\pi \leq x \leq \pi$ （あるいは $0 \leq x \leq 2\pi$） となる。

　ここで、ついでに任意の関数 $G(x)$ の内積を計算してみよう。

$$G(x) = g_1 e_1(x) + g_2 e_2(x) + g_3 e_3(x)$$

とおくと、この関数自身の内積は

$$(G,G) = \int_a^b G(x)G(x)dx = \int_a^b \left(g_1 e_1(x) + g_2 e_2(x) + g_3 e_3(x)\right)^2 dx$$

$$= \int_a^b \left(g_1 e_1(x)\right)^2 dx + \int_a^b \left(g_2 e_2(x)\right)^2 dx + \int_a^b \left(g_3 e_3(x)\right)^2 dx$$

$$+ 2\int_a^b g_1 e_1(x) g_2 e_2(x) dx + 2\int_a^b g_1 e_1(x) g_3 e_3(x) dx + 2\int_a^b g_2 e_2(x) g_3 e_3(x) dx$$

$$= g_1^2 \int_a^b \left(e_1(x)\right)^2 dx + g_2^2 \int_a^b \left(e_2(x)\right)^2 dx + g_3^2 \int_a^b \left(e_3(x)\right)^2 dx$$

$$+ 2g_1 g_2 \int_a^b e_1(x) e_2(x) dx + 2g_1 g_3 \int_a^b e_1(x) e_3(x) dx + 2g_2 g_3 \int_a^b e_2(x) e_3(x) dx$$

$$= g_1^2 + g_2^2 + g_3^2$$

となって、ベクトルの場合と同様に、成分の 2 乗の和となる。

最後に、ベクトルと同様に、内積を利用すると任意の関数から、正規直交基底をつくることができる。この手法をベクトルのときと同じように、グラムシュミットの正規直交化法 (Gram-Schmidt orthogonalization process) と呼んでいる。いま任意の関数を $f(x)$, $g(x)$, $h(x)$ を考える。まず $f(x)$ をつかって

$$e_1(x) = \frac{f_1(x)}{\sqrt{\int_a^b f_1^2(x)dx}}$$

を最初の正規直交基底とする。つぎに c を任意の定数として

$$g'(x) = g(x) - c e_1(x)$$

という関数をつくり、$e_1(x)$ との内積をとると

$$(e_1, g') = \int_a^b e_1(x) g'(x) dx = \int_a^b e_1(x) \{g(x) - c e_1(x)\} dx = \int_a^b e_1(x) g(x) dx - c \int_a^b e_1^2(x) dx$$

$$= \int_a^b e_1(x) g(x) dx - c$$

ここで

$$c = \int_a^b e_1(x) g(x) dx$$

とおくと、$e_1(x)$ と $g'(x)$ は直交することになる。

$$g'(x) = g(x) - e_1(x) \int_a^b e_1(x) g(x) dx$$

ここで、さらに

$$(g', g') = \int_a^b g'(x) g'(x) dx$$

を計算して、$g'(x)$ を $\sqrt{(g',g')}$ で割れば、つぎの正規直交化基底が得られる。つぎの基底は

$$h'(x) = h(x) - a e_1(x) - b e_2(x)$$

とおいて、同様に定数 a, b を決めて、ノルムで割ればよい。

あとはベクトルで紹介した方法を順次くり返せば、n 次元の関数空間の正規直交化基底が得られる。

第3章 フーリエ級数展開による微分方程式の解法

　解となる関数 $F(x)$ が（周期的な）振動をともなうと予測される微分方程式の解法には、フーリエ級数展開式を利用することができる。この場合、フーリエ級数の一般式を係数未定のまま微分方程式に代入し、得られる方程式を満足するようにフーリエ係数を決定することで、$F(x)$ が求められる。

　歴史的には、熱伝導 (thermal conductivity) に関する偏微分方程式 (partial differential equation) を解くために、フーリエがフーリエ級数展開 (Fourier series expansion) の手法を使ったのが最初である[1]。それは、次のかたちをした偏微分方程式であった。

$$\frac{\partial T}{\partial t} = \kappa \frac{\partial^2 T}{\partial x^2}$$

熱伝導方程式 (heat equation) と呼ばれる有名な式である。

3.1. 偏微分方程式

　熱伝導方程式の解法を紹介する前に、偏微分方程式について、常微分方程式との違いを明確にしておく。

　まず、偏微分方程式の対象となる関数は変数が2個以上含むものである。

---

[1] 1811年にパリの科学アカデミーが熱伝導の数学理論を完成させたものにアカデミー賞を与えるという懸賞を出した。フーリエが三角関数による級数展開の手法を利用して、見事この問題を解き、その栄誉に浴した。

そこで、x と y の関数 $z = f(x, y)$ を考え、この関数が

$$\frac{\partial f(x, y)}{\partial x} = a$$

という 1 階の偏微分方程式を満足するとしてみよう。ここで a を定数とすると、どんなに複雑な y の関数を含んでいても、それを x で偏微分すると 0 となるので、この方程式の解は

$$f(x, y) = ax + \phi(y)$$

となり、解に任意定数ではなく、任意の関数 $\phi(y)$ を含むことになる。これが、偏微分方程式が常微分方程式と大きく異なる点である。この延長で次の 2 階の偏微分方程式を考えてみる。

$$\frac{\partial^2 f(x, y)}{\partial x \partial y} = a$$

この微分方程式は

$$\frac{\partial^2 f(x, y)}{\partial x \partial y} = \frac{\partial}{\partial x}\left(\frac{\partial f(x, y)}{\partial y}\right) = a$$

と変形できるから、上の結果を利用すると

$$\frac{\partial f(x, y)}{\partial y} = ax + \phi(y)$$

と与えられる。よって

$$f(x, y) = axy + \int \phi(y) dy + \varphi(x)$$

と解が得られる。後ろの2項は変数xのみの任意関数と、yのみの任意関数である。第2項目は積分のかたちで表しているが、任意の関数で置き換えられる。

このように偏微分方程式では一般解に任意の関数がついてくる。しかし、これでは実用的にはあまり意味がない。そこで、偏微分方程式の解法では、かなり条件を絞って、任意の関数がつかないような解を求める。条件の限定の仕方にはいろいろあるが、ある範囲を考え、その境界での条件が規定されている場合を境界値問題 (boundary value problem) と呼んでいる。また適当な初期条件 (initial conditions) のもとで解法することを初期値問題 (initial value problem) と呼ぶ。

演習 3-1 つぎの偏微分方程式を与えられた境界条件のもとで解法せよ。
$$\frac{\partial^2 f(x,y)}{\partial x \partial y} = xy \qquad f(x,0) = x \quad f(1,y) = \sin y$$

解) 与えられた偏微分方程式を

$$\frac{\partial^2 f(x,y)}{\partial x \partial y} = \frac{\partial}{\partial x}\left(\frac{\partial f(x,y)}{\partial y}\right) = xy$$

と書き直して、xで積分すると

$$\frac{\partial f(x,y)}{\partial y} = \frac{1}{2}x^2 y + \varphi(y)$$

となる。さらにこの式をyに関して積分すると

$$f(x,y) = \frac{1}{4}x^2 y^2 + \int \varphi(y) dy + \phi(x)$$

となる。ただし、2番目の式は積分で書かれているが、任意の関数であるので

$$f(x,y) = \frac{1}{4}x^2 y^2 + \psi(y) + \phi(x)$$

が一般解となる。つぎに境界条件より

$$f(x,0) = \psi(0) + \phi(x) = x$$

となって

$$\phi(x) = x - \psi(0)$$

が得られる。よって

$$f(x,y) = \frac{1}{4}x^2 y^2 + \psi(y) + x - \psi(0)$$

もうひとつの境界条件より

$$f(1,y) = \frac{1}{4}y^2 + \psi(y) + 1 - \psi(0) = \sin y$$

が得られ

$$\psi(y) - \psi(0) = \sin y - \frac{1}{4}y^2 - 1$$

が得られるので、結局求める解は

$$f(x,y) = \frac{1}{4}x^2 y^2 + x + \sin y - \frac{1}{4}y^2 - 1$$

となる。

この演習問題のように、偏微分方程式においては、適当な境界条件を与

えることで、解を求めるのが通例である。

3.2. 熱伝導方程式

3.2.1. 熱伝導方程式の導出

フーリエ級数展開を利用して、偏微分方程式を解く前に、熱伝導方程式の意味について少し考えてみよう。均質な棒の温度を考える。ここで温度 T は場所 x と時間 t の関数となる（図 3-1 参照）。この時、熱の流れの量（q）（あるいは熱流束: heat flux と呼ぶ）は、（経験的に）図 3-2 に示すように、ある場所の温度勾配に比例する。つまり k を比例定数として

$$q = k \frac{dT}{dx}$$

と書くことができる。ここで k は熱伝導度 (thermal conductivity) と呼ばれる物質の種類によって異なる定数である。

次に、ある点における温度の時間変化は、図 3-3 に示すように、その点でどの程度の熱が出入りするかに比例すると考えられる。よって、比例定数を p とすれば

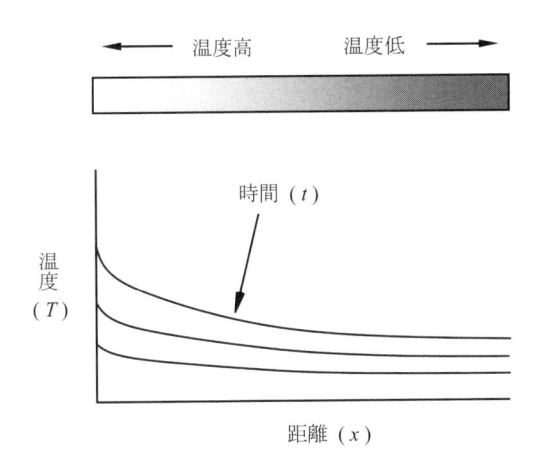

図 3-1 均質な棒の温度。

移動する熱量(q) 大　　　移動する熱量(q) 小

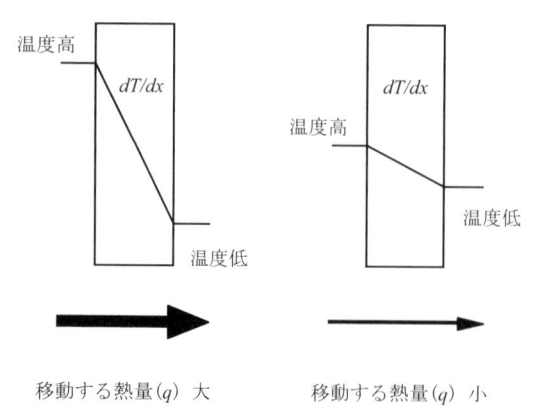

$q = k(dT/dx)$

図 3-2 熱の流れの量は、温度勾配に比例する。

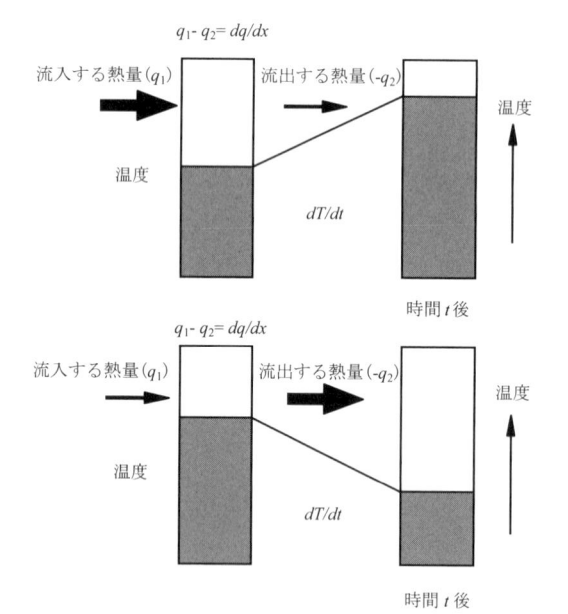

$q_1 - q_2 = dq/dx$

流入する熱量(q_1)　流出する熱量($-q_2$)　温度

温度　　dT/dt　　時間 t 後

$q_1 - q_2 = dq/dx$

流入する熱量(q_1)　流出する熱量($-q_2$)　温度

温度　　dT/dt　　時間 t 後

図 3-3 ある点における温度の時間変化は、この点にどの程度の熱が出入りするかに比例する。

第3章　フーリエ級数展開による微分方程式の解法

$$\frac{\partial T(x,t)}{\partial t} = p\frac{dq(x)}{dx}$$

となる。ここで、定数 p は物質の比熱（specific heat: 物質の温度を 1K 上昇させるのに必要な熱量）に関係した値であり、正確には比熱を σ、物質の密度を μ とすると

$$p = \frac{1}{\sigma\mu}$$

で与えられる。

よって、熱伝導に関する微分方程式は

$$\frac{\partial T(x,t)}{\partial t} = p\frac{dq(x)}{dx} = \frac{k}{\sigma\mu}\frac{\partial^2 T(x,t)}{\partial x^2} = \kappa\frac{\partial^2 T(x,t)}{\partial x^2}$$

$$\frac{\partial T(x,t)}{\partial t} = \kappa\frac{\partial^2 T(x,t)}{\partial x^2}$$

で与えられる。ここで κ は熱拡散率 (thermal diffusivity) と呼ばれる。これが物体の熱伝導を支配する微分方程式である。

3.2.2. フーリエ級数による熱伝導方程式の解法

それでは、フーリエ級数展開の手法を使って、実際に熱伝導方程式を解いてみよう。前章でも紹介したように、偏微分方程式の一般解には任意の関数が含まれるため、これを解くためには、境界条件などを明確にしておく必要がある。

ここで長さ L の均質な棒があり、時刻 $t=0$ における温度分布が

$$T(x,0) = f(x)$$

で与えられているものとする。また、棒の両端の温度は常に 0 とすると、微分方程式と初期条件および境界条件は

$$\frac{\partial T(x,t)}{\partial t} = \kappa \frac{\partial^2 T(x,t)}{\partial x^2} \quad (0 < x < L, \quad t > 0)$$

$$T(x,0) = f(x) \quad (0 \leq x \leq L) \qquad T(0,t) = 0 \quad T(L,t) = 0 \quad (t \geq 0)$$

で与えられる。実は熱というのはミクロにみると原子の振動であり、空間的には波として伝わっていくことが知られている。よって、熱伝導方程式の解はいろいろな波、つまり sin 波や cos 波の合成波であると考えられる。そこで、解として次のフーリエ級数を仮定する。本来は 2 変数であるので、2 重フーリエ級数とすべきであるが、ここでは

$$T(x,t) = \frac{a_0(t)}{2} + \sum_{n=1}^{\infty} \left(a_n(t) \cos \frac{n\pi x}{L} + b_n(t) \sin \frac{n\pi x}{L} \right)$$

のように、フーリエ係数に温度の時間変化を取り入れ、三角関数の項は空間分布を示す級数を考える。この一般式をいきなり微分方程式に代入する前に、初期条件および境界条件から、より簡単なかたちに変形できないかどうか考えてみよう。まず、境界条件より

$$T(0,t) = \frac{a_0(t)}{2} + \sum_{n=1}^{\infty} \left(a_n(t) \cos 0 + b_n(t) \sin 0 \right) = \frac{a_0(t)}{2} + \sum_{n=1}^{\infty} a_n(t) = 0$$

であるが、これが恒等的に成立するためには

$$a_0(t) = 0 \quad a_n(t) = 0$$

でなければならない。こうすると、フーリエ級数展開式は簡単となり

$$T(x,t) = \sum_{n=1}^{\infty} b_n(t) \sin \frac{n\pi x}{L}$$

と与えられる。これは、フーリエサイン級数である。ここで、あらためて微分方程式に代入すると

第3章　フーリエ級数展開による微分方程式の解法

$$\frac{\partial T(x,t)}{\partial t} = \sum_{n=1}^{\infty} \frac{db_n(t)}{dt} \sin\frac{n\pi x}{L}$$

$$\kappa \frac{\partial^2 T(x,t)}{\partial x^2} = \kappa \sum_{n=1}^{\infty} b_n(t) \left\{ -\left(\frac{n\pi}{L}\right)^2 \sin\frac{n\pi x}{L} \right\}$$

この両式が等しいから

$$\sum_{n=1}^{\infty} \frac{db_n(t)}{dt} \sin\frac{n\pi x}{L} = \sum_{n=1}^{\infty} -\kappa \left(\frac{n\pi}{L}\right)^2 b_n(t) \sin\frac{n\pi x}{L}$$

となり、両辺を比較すると

$$\frac{db_n(t)}{dt} = -\kappa \left(\frac{n\pi}{L}\right)^2 b_n(t)$$

が成立しなければならない。この微分方程式の解として

$$b_n(t) = a_n \exp \omega t$$

を仮定すると

$$a_n \omega \exp \omega t = -\kappa \left(\frac{n\pi}{L}\right)^2 a_n \exp \omega t \qquad \therefore \omega = -\kappa \left(\frac{n\pi}{L}\right)^2$$

よって

$$b_n(t) = a_n \exp \omega t = a_n \exp\left(-\frac{\kappa n^2 \pi^2}{L^2}\right) t$$

となる。これは、温度の時間変化の項だけみれば、$\exp(-kt)$ のかたちの時間依存性を示すことになる[2]。よって温度分布は

---

[2] このような冷却の時間依存性はニュートンの冷却の法則 (Newton's law of cooling) として知られている。

$$T(x,t) = \sum_{n=1}^{\infty} b_n(t) \sin \frac{n\pi x}{L} = \sum_{n=1}^{\infty} a_n \exp\left(-\frac{\kappa n^2 \pi^2}{L^2}t\right) \sin \frac{n\pi x}{L}$$

で与えられることになる。ただし、この式では、まだ係数 a_n は任意である。そこで、初期条件を使って a_n を決定する。

$$T(x,0) = f(x)$$

であるから

$$T(x,0) = f(x) = \sum_{n=1}^{\infty} a_n \sin \frac{n\pi x}{L}$$

これは、$f(x)$ のフーリエサイン級数展開であり、係数 a_n は

$$a_n = \frac{2}{L} \int_0^L f(x) \sin \frac{n\pi x}{L} dx$$

の積分で与えられる。結局、温度分布 $T(x,t)$ は

$$T(x,t) = \frac{2}{L} \sum_{n=1}^{\infty} \exp\left(-\frac{\kappa n^2 \pi^2}{L^2}t\right) \sin \frac{n\pi x}{L} \int_0^L f(x) \sin \frac{n\pi x}{L} dx$$

となる。ここで、最初の温度の空間分布 $f(x)$ は任意であるが、具体的な関数を代入すれば、より具体的な解が得られる。そこで、演習で具体的に初期の温度分布が与えられている場合を取り扱ってみよう。

演習 3-2 長さ L の棒の初期の温度分布が以下の式で与えられている場合の温度分布の時間変化を求めよ(図 3-4 参照)。

$$T(x,0) = T_0 \sin \frac{\pi x}{L} \qquad (0 \leq x \leq L)$$

$$T(0,t) = 0 \qquad T(L,t) = 0 \qquad (t \geq 0)$$

第 3 章　フーリエ級数展開による微分方程式の解法

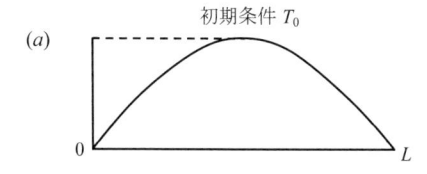

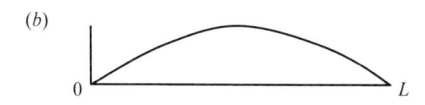

(a) 初期条件 T_0

(b)

(c)

図 3-4　温度の時間変化の様子。

解）　これは、初期の温度分布が中心で最も高く T_0 であり、その分布がサインカーブに従い、両端でゼロになることを意味している。この一般解は

$$T(x,t) = \frac{2}{L}\sum_{n=1}^{\infty} \exp\left(-\frac{\kappa n^2 \pi^2}{L^2}t\right) \sin\frac{n\pi x}{L} \int_0^L f(x) \sin\frac{n\pi x}{L} dx$$

である。ここで $f(x) = T_0 \sin\dfrac{\pi x}{L}$ を代入する。すると

$$\int_0^L f(x)\sin\frac{n\pi x}{L}dx = T_0 \int_0^L \sin\frac{\pi x}{L}\sin\frac{n\pi x}{L}dx$$

この右辺の積分値がゼロとならないのは、$n = 1$ の場合だけである。この時

$$\int_0^L \sin\frac{\pi x}{L}\sin\frac{\pi x}{L}dx = \int_0^L \sin^2\left(\frac{\pi x}{L}\right)dx$$
$$= \int_0^L \frac{1-\cos(2\pi x/L)}{2}dx = \left[\frac{x}{2} - \frac{L}{4\pi}\sin\frac{2\pi x}{L}\right]_0^L = \frac{L}{2}$$

よって、温度分布は

$$T(x,t) = T_0 \exp\left(-\frac{\kappa\pi^2}{L^2}t\right)\sin\frac{\pi x}{L}$$

で与えられる。これは、図 3-4 (b), (c) にみられるように、$\sin(\pi x/L)$ の温度分布のかたちを保ったまま、最高温度 T_0 が $\exp(-\kappa\pi^2 t/L^2)$ の時間依存性に従って、下がっていくということを示している。

以上のように、偏微分方程式が与えられているときには、まず任意の $F(x)$ のフーリエ級数展開式を仮定し、それを偏微分方程式に代入し、適宜、境界条件や初期条件を代入しながら、目的の $F(x)$ を求めることになる。微分方程式の解が熱振動や波動となると予測される場合には、フーリエ級数展開を利用する解法が重要な武器となることが分かる。

それでは、つぎに波動方程式の解法にフーリエ級数展開を利用する例を紹介する。

3.3. 波動方程式

波の運動を表現する微分方程式として、つぎの偏微分方程式が有名である。

$$\frac{\partial^2 u}{\partial t^2} = c^2 \frac{\partial^2 u}{\partial x^2}$$

ここで、$u = u(x, t)$ であり、時間 t、場所 x における変位である。実は、熱伝導方程式よりも波動方程式の方が、理工系特に物理数学においては重宝されている。というのも、現代物理の基本となっている量子力学が粒子の波動性をあらわに取り入れた学問であるからである。しかも、多くの粒子が集まった系においては、粒子の波が重なりあったものと考えるが、これは、まさにフーリエ級数の考え方そのものである。よって、波動方程式の解法にもフーリエ級数展開が利用される。

第3章 フーリエ級数展開による微分方程式の解法

ただし、現代の量子力学においては、$\sin kx$ や $\cos kx$ の波の重なりとして表現するよりも、オイラーの公式に基づいた $\exp(ikx)$ で表現するのが一般的ではある。これについては次章で紹介する。ここでは、より基本的な三角関数のフーリエ級数展開を利用した解法を行う。

自然現象の解析においては、微分方程式の解法のまえに、いかに微分方程式をつくるかが本来はより重要である。なぜなら、微分方程式が間違っていたら、その後の展開はすべて無意味となるからである。そこで、いかにして波動方程式が導出されたかをまず紹介する。

3.3.1. 波動方程式の導出

まず、弦の波動方程式について考えてみよう。弦の張力を F とすると、点 x における u 方向の力の成分は

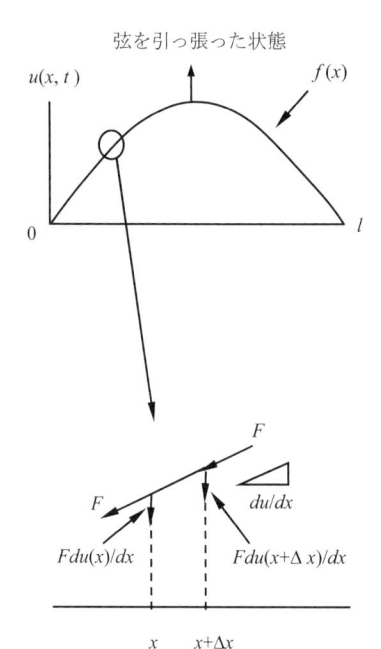

$$F\frac{du}{dx}$$

図 3-5 弦を引っ張った状態と、運動方程式導出のための弦のつりあい状態の拡大図。

で与えられる。ここで、図 3-5 に示すように、ある点 x と、それからわずかに Δx だけ離れた点 $x + \Delta x$ の間の領域を考えてみる。この領域に働く力は、

$$F\frac{du(x+\Delta x)}{dx} - F\frac{du(x)}{dx}$$

となるが、u は t の関数でもあるから、正式には偏微分で表現する必要がある。つまり

$$F\frac{\partial^2 u(x,t)}{\partial x^2}$$

が、この微小領域に働く u 方向の力である。

　ここで、この領域の運動方程式を考えると、質量を m として

$$F\frac{\partial^2 u(x,t)}{\partial x^2} = m\frac{d^2 u}{dt^2}$$

ただし、右辺も u が x と t の関数であることを考えると、偏微分とする必要がある。よって

$$\frac{\partial^2 u(x,t)}{\partial x^2} = \frac{m}{F}\frac{\partial^2 u(x,t)}{\partial t^2} \quad \text{あるいは} \quad \frac{\partial^2 u(x,t)}{\partial t^2} = \frac{F}{m}\frac{\partial^2 u(x,t)}{\partial x^2}$$

が、弦が振動する場合の運動方程式となる。一般には、定数を

$$\frac{F}{m} = c^2$$

と置き換えて

$$\frac{\partial^2 u(x,t)}{\partial t^2} = c^2 \frac{\partial^2 u(x,t)}{\partial x^2}$$

と表現する。これが波動方程式となる。

3.3.2. 波動方程式の解法

それでは、フーリエ級数を利用して弦の波動方程式を実際に解いてみよう。いま、弦の長さを l とすると、弦の両端は固定されているから、境界条件としては

$$u(0,t) = 0 \quad u(l,t) = 0$$

となる。また、$0 \leq x \leq l$ が定義域となる。

ここで、弦を引っ張って手を離した後での弦の振動について考える。弦を引っ張った状態が

$$u(x,0) = f(x)$$

という関数で与えられるものとする（図 3-5）。ここで、弦の初速は 0 であるから

$$\frac{\partial u(x,0)}{\partial t} = 0$$

という初期条件が加わる。これら条件のもとで、以下の偏微分方程式を解法する。

$$\frac{\partial^2 u(x,t)}{\partial t^2} = c^2 \frac{\partial^2 u(x,t)}{\partial x^2}$$

ここで、両端で変位がゼロという条件があるので、x 方向の解はフーリエサイン級数で表すことができる。そこで

$$u(x,t) = \sum_{n=1}^{\infty} b_n(t) \sin \frac{n\pi x}{l}$$

のかたちの解を仮定してみる。最初の項は、時間変化を表し、次の項は空間分布を示す。すると

$$\frac{\partial^2 u(x,t)}{\partial t^2} = \sum_{n=1}^{\infty} \frac{d^2 b_n(t)}{dt^2} \sin\frac{n\pi x}{l}$$

$$c^2 \frac{\partial^2 u(x,t)}{\partial x^2} = c^2 \sum_{n=1}^{\infty} b_n(t) \left\{ -\left(\frac{n\pi}{l}\right)^2 \sin\frac{n\pi x}{l} \right\}$$

この両式が等しいから

$$\sum_{n=1}^{\infty} \frac{d^2 b_n(t)}{dt^2} \sin\frac{n\pi x}{l} = \sum_{n=1}^{\infty} -c^2 \left(\frac{n\pi}{l}\right)^2 b_n(t) \sin\frac{n\pi x}{l}$$

となり、両辺を比較すると、まず $b_n(t)$ に関して

$$\frac{d^2 b_n(t)}{dt^2} = -c^2 \left(\frac{n\pi}{l}\right)^2 b_n(t)$$

の2階の微分方程式が得られる。この微分方程式の解は

$$b_n(t) = \exp(\lambda t)$$

と仮定して求めることができる。微分方程式に代入すると

$$\lambda^2 \exp(\lambda t) = -c^2 \left(\frac{n\pi}{l}\right)^2 \exp(\lambda t)$$

となり

$$\lambda^2 = -c^2 \left(\frac{n\pi}{l}\right)^2 \therefore \lambda = \pm ic\left(\frac{n\pi}{l}\right)$$

よって、一般解としては

$$b_n(t) = A_n \exp\left(i\frac{cn\pi}{l}t\right) + B_n \exp\left(-i\frac{cn\pi}{l}t\right)$$

が得られる。ここで、A_n, B_n は任意の定数である。ここで、弦の初速が0と

いう条件 $\dfrac{\partial u(x,0)}{\partial t}=0$ を考える。これは

$$\frac{db_n(t)}{dt}=A_n i\frac{cn\pi}{l}\exp\left(i\frac{cn\pi}{l}t\right)-B_n i\frac{cn\pi}{l}\exp\left(-i\frac{cn\pi}{l}t\right)$$

として

$$\frac{db_n(0)}{dt}=A_n i\frac{cn\pi}{l}-B_n i\frac{cn\pi}{l}=0$$

より、$A_n = B_n$ となる。よって

$$b_n(t)=A_n\exp\left(i\frac{cn\pi}{l}t\right)+A_n\exp\left(-i\frac{cn\pi}{l}t\right)$$

ここでオイラーの公式

$$\cos x=\frac{\exp(ix)+\exp(-ix)}{2}$$

を思い起こすと

$$b_n(t)=A_n\exp\left(i\frac{cn\pi}{l}t\right)+A_n\exp\left(-i\frac{cn\pi}{l}t\right)=2A_n\cos\left(\frac{cn\pi}{l}t\right)$$

となる。これを $u(x,t)=\sum_{n=1}^{\infty}b_n(t)\sin\dfrac{n\pi x}{l}$ に代入すると

$$u(x,t)=\sum_{n=1}^{\infty}2A_n\cos\left(\frac{cn\pi}{l}t\right)\sin\frac{n\pi x}{l}$$

となる。このままでは、$2A_n$ は任意定数であるが、

$$u(x,0)=f(x)$$

という初期条件から

$$u(x,0) = f(x) = \sum_{n=1}^{\infty} 2A_n \sin\frac{n\pi x}{l}$$

という式を満足する必要がある。これは、$f(x)$ のフーリエサイン級数に他ならないので、フーリエ級数展開において、各係数を求める方法は

$$2A_n = \frac{2}{l}\int_0^l f(x)\sin\frac{n\pi x}{l}dx$$

であった。結局、解は

$$u(x,t) = \frac{2}{l}\sum_{n=1}^{\infty}\cos\left(\frac{cn\pi}{l}t\right)\sin\frac{n\pi x}{l}\int_0^l f(x)\sin\frac{n\pi x}{l}dx$$

と与えられる。ここで、$f(x)$ として適当な関数を代入すれば、より具体的な解が得られる。

演習 3-3 長さ l の弦において、最初に引っ張った状態がつぎの関数で与えられる場合の波動方程式を求めよ。

$$u(x,0) = u_0 \sin\frac{\pi x}{l} \qquad (0 \leq x \leq l)$$

解) この一般解は

$$u(x,t) = \frac{2}{l}\sum_{n=1}^{\infty}\cos\left(\frac{cn\pi}{l}t\right)\sin\frac{n\pi x}{l}\int_0^l f(x)\sin\frac{n\pi x}{l}dx$$

である。ここで $f(x) = u_0 \sin\frac{\pi x}{l}$ を代入する。すると

$$\int_0^l f(x)\sin\frac{n\pi x}{l}dx = u_0\int_0^l \sin\frac{\pi x}{l}\sin\frac{n\pi x}{l}dx$$

この積分がゼロとならないのは、$n = 1$ の場合だけである。この時

$$\int_0^l \sin\frac{\pi x}{l} \sin\frac{\pi x}{l} dx = \int_0^l \sin^2\left(\frac{\pi x}{l}\right) dx$$
$$= \int_0^l \frac{1 - \cos(2\pi x/l)}{2} dx = \left[\frac{x}{2} - \frac{l}{4\pi}\sin\frac{2\pi x}{l}\right]_0^l = \frac{l}{2}$$

よって、弦の波動方程式は

$$u(x,t) = u_0 \cos\left(\frac{c\pi}{l}t\right)\sin\frac{\pi x}{l}$$

で与えられる。

3.4. ラプラス方程式

フーリエ級数展開が利用される偏微分方程式として有名なものにラプラス方程式がある。3.2 項で 1 次元の熱伝導方程式として次式を導いた。

$$\frac{\partial T(x,t)}{\partial t} = \kappa \frac{\partial^2 T(x,t)}{\partial x^2}$$

これは、簡単化のために 1 次元を想定した式であるが、実際の材料は 3 次元の大きさを有している。よって、熱伝導方程式は

$$\frac{\partial T}{\partial t} = \kappa \left(\frac{\partial^2 T}{\partial x^2} + \frac{\partial^2 T}{\partial y^2} + \frac{\partial^2 T}{\partial z^2}\right)$$

となるべきである。ここで、系に温度変化がない状態を仮定する。これを定常状態 (steady state) と呼んでおり、系が最終的に落ち着く状態である。この条件は

$$\frac{\partial T}{\partial t} = 0$$

であり、このとき、温度は時間変化をしなくなるので、T は x, y, z のみの関数となり

$$\frac{\partial^2 T}{\partial x^2} + \frac{\partial^2 T}{\partial y^2} + \frac{\partial^2 T}{\partial z^2} = 0$$

が定常状態を満足する条件となる。これをラプラス方程式と呼んでいる。この方程式は頻出するので、数学的記号を使って表記するのが通例である。たとえば、ナブラ (nabla) ∇ という記号は

$$\nabla = \vec{e}_x \frac{\partial}{\partial x} + \vec{e}_y \frac{\partial}{\partial y} + \vec{e}_z \frac{\partial}{\partial z} \quad \text{あるいは} \quad \nabla = \begin{pmatrix} \partial/\partial x \\ \partial/\partial y \\ \partial/\partial z \end{pmatrix}$$

というかたちをしたベクトル[3]（あるいは演算の役割をするので演算ベクトルと呼ぶ）であるが、ラプラスの方程式は、ナブラ自身の内積である

$$\nabla^2 = \nabla \cdot \nabla = \frac{\partial^2}{\partial x^2} + \frac{\partial^2}{\partial y^2} + \frac{\partial^2}{\partial z^2}$$

を使って

$$\nabla^2 T = \frac{\partial^2 T}{\partial x^2} + \frac{\partial^2 T}{\partial y^2} + \frac{\partial^2 T}{\partial z^2} = 0$$

と書くこともできる。あるいは

$$\Delta = \nabla^2$$

というラプラシアン (Laplacian) と呼ばれる記号を使って

---

[3] ナブラの定義式からわかるように、これは関数の傾きを与えるベクトルである。よって、英語の傾きである gradient を略した grad を、このベクトルの表記に使う場合もある。

第3章 フーリエ級数展開による微分方程式の解法

$$\nabla^2 T = \Delta T = 0$$

とも表記される。

それでは、適当な境界条件のもとで、ラプラスの偏微分方程式をフーリエ級数展開の手法を利用して解いてみよう。簡単のために

$$u(x, y)$$

という2変数 (x, y) の関数を考える。この関数が次の偏微分方程式と、境界条件（図3-6）を満足するとする。

$$\frac{\partial^2 u(x,y)}{\partial x^2} + \frac{\partial^2 u(x,y)}{\partial y^2} = 0 \qquad \begin{cases} u(x,0) = 0, & u(0,y) = 0 \\ u(x,2\pi) = T, & u(2\pi,y) = 0 \end{cases}$$

これは1辺の長さが 2π の正方形において、1辺の温度が T、他の辺の温度が0の保たれた定常状態に対応する。ここで

$$u(x, y) = X(x)Y(y)$$

と置き、それぞれの2階偏導関数を求めると

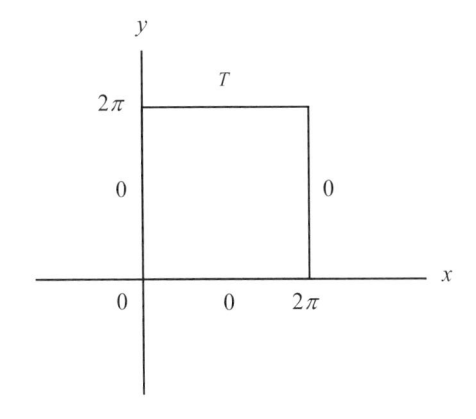

図 3-6 $u(x,y)$ が満たすべき境界条件

$$\frac{\partial u(x,y)}{\partial x} = \frac{dX(x)}{dx}Y(y) \qquad \frac{\partial^2 u(x,y)}{\partial x^2} = \frac{d^2 X(x)}{dx^2}Y(y)$$

$$\frac{\partial u(x,y)}{\partial y} = X(x)\frac{dY(y)}{dy} \qquad \frac{\partial^2 u(x,y)}{\partial y^2} = X(x)\frac{d^2 Y(y)}{dy^2}$$

となって、x のみの 2 階微分と、y のみの 2 階微分となる。これをラプラスの方程式に代入する。すると

$$\frac{d^2 X(x)}{dx^2}Y(y) + X(x)\frac{d^2 Y(y)}{dy^2} = 0$$

両辺を $X(x)Y(y)$ で割ると

$$\frac{1}{X(x)}\frac{d^2 X(x)}{dx^2} + \frac{1}{Y(y)}\frac{d^2 Y(y)}{dy^2} = 0$$

この左辺の第1項はxのみの関数であり、第2項はyのみの関数であるので、この等式が成立するためには、適当な定数を a とおいて

$$\frac{1}{X(x)}\frac{d^2 X(x)}{dx^2} = -a \qquad \frac{1}{Y(y)}\frac{d^2 Y(y)}{dy^2} = a$$

を満足しなければならない。このように、それぞれ変数が分離された微分方程式になるので、この手法を変数分離法 (separation of variables) と呼んでいる。ここで、少々技巧的ではあるが、$a = k^2$ と置く。すると、上の微分方程式は

$$\frac{d^2 X(x)}{dx^2} = -k^2 X(x) \qquad \frac{d^2 Y(y)}{dy^2} = k^2 Y(y)$$

となる。最初の微分方程式の解としては、よく知られたように exp(ikx) と exp($-ikx$) が得られる。これらを方程式に代入すれば、

$$\frac{d\left(e^{ikx}\right)}{dx} = ike^{ikx} \qquad \frac{d^2\left(e^{ikx}\right)}{dx^2} = \frac{d\left(ike^{ikx}\right)}{dx} = (ik)^2 e^{ikx} = -k^2 e^{ikx}$$

$$\frac{d(e^{-ikx})}{dx} = -ike^{-ikx} \qquad \frac{d^2(e^{-ikx})}{dx^2} = \frac{d(-ike^{-ikx})}{dx} = (-ik)^2 e^{-ikx} = -k^2 e^{-ikx}$$

となって、解であることがすぐに確かめられる。よって、一般解として

$$X(x) = A\exp(ikx) + B\exp(-ikx)$$

が与えられる。つぎの微分方程式も、$\exp(ky)$ と $\exp(-ky)$ が解となることがすぐに確かめられる。実際に代入すると

$$\frac{d(e^{ky})}{dy} = ke^{ky} \qquad \frac{d^2(e^{ky})}{dy^2} = \frac{d(ke^{ky})}{dy} = k^2 e^{ky}$$

$$\frac{d(e^{-ky})}{dy} = -ke^{-ky} \qquad \frac{d^2(e^{-ky})}{dy^2} = \frac{d(-ke^{-ky})}{dy} = (-k)^2 e^{-ky} = k^2 e^{-ky}$$

よって一般解は

$$Y(y) = C\exp(ky) + D\exp(-ky)$$

となる。(こういうかたちの解が得られることが分かっているので、定数項を k^2 とあらかじめ置いた。) よって

$$u(x,y) = X(x)Y(y) = \bigl(A\exp(ikx) + B\exp(-ikx)\bigr)\bigl(C\exp(ky) + D\exp(-ky)\bigr)$$

という解が得られる。つぎに境界条件をつかって、定数項を決めていく。境界条件をふたたび書くと

$$\begin{cases} u(x,0) = 0, & u(0,y) = 0 \\ u(x,2\pi) = T, & u(2\pi,y) = 0 \end{cases}$$

であった。これを代入すると

$$u(x,0) = X(x)Y(0) = \bigl(A\exp(ikx) + B\exp(-ikx)\bigr)(C + D) = 0$$
$$u(0,y) = X(0)Y(y) = (A + B)\bigl(C\exp(ky) + D\exp(-ky)\bigr) = 0$$

まず、以上の境界条件より $B = -A$ および $D = -C$ となる。よって

$$u(x,y) = X(x)Y(y) = A\bigl(\exp(ikx) - \exp(-ikx)\bigr)C\bigl(\exp(ky) - \exp(-ky)\bigr)$$

と変形できる。定数項はまとめて

$$u(x,y) = a\bigl(\exp(ikx) - \exp(-ikx)\bigr)\bigl(\exp(ky) - \exp(-ky)\bigr)$$

と書くことができる。つぎの境界条件として $u(2\pi, y) = 0$ を考える。

$$u(2\pi, y) = a\bigl(\exp(i2\pi k) - \exp(-i2\pi k)\bigr)\bigl(\exp(ky) - \exp(-ky)\bigr) = 0$$

この式が成立するためには

$$\exp(i2\pi k) - \exp(-i2\pi k) = 0$$

を満足する必要がある。ここでオイラーの公式から

$$\frac{\exp(i2\pi k) - \exp(-i2\pi k)}{2i} = \sin 2\pi k$$

の関係にあり、これが 0 となるのは $2k$ が整数の場合となる。ただし、$2k = 0$ の場合は、両変数の微分方程式が 0 となるので意味がない。一方、一般式として $2k$ と $-2k$ を考えているので、$2k$ としては正の整数のみ考えればよく

$$2k = 1, 2, 3, 4, ..., n,$$

となる。よって $u(x, y)$ は

$$u(x,y) = \sum_{n=1}^{\infty} a_n \bigl(\exp(inx/2) - \exp(-inx/2)\bigr)\bigl(\exp(ny/2) - \exp(-ny/2)\bigr)$$

となる。これをオイラーの公式を利用して書き換えると

$$u(x,y) = \sum_{n=1}^{\infty} B_n \sin(nx/2)\bigl(\exp(ny/2) - \exp(-ny/2)\bigr)$$

となるが、さらに、双曲線関数も使うと

$$\exp(ny/2) - \exp(-ny/2) = 2\sinh(ny/2)$$

とまとめられるので、結局

$$u(x,y) = \sum_{n=1}^{\infty} 2B_n \sin(nx/2)\sinh(ny/2)$$

と書くことができる。

ここで、最後の境界条件を使って、係数 B_n を求めてみよう。最後の条件は

$$u(x, 2\pi) = T$$

であった。これを上の式に代入すると

$$u(x,2\pi) = \sum_{n=1}^{\infty} 2B_n \sin(nx/2)\sinh(n\pi) = T$$

となる。ここで、定数項をまとめて

$$b_n = 2B_n \sinh(n\pi)$$

と書くと、結局

$$\sum_{n=1}^{\infty} b_n \sin(nx/2) = T$$

となるが、これは、まさにフーリエサイン級数展開である。このとき、係数 b_n はつぎの積分で求めることができる。

$$b_n = \frac{1}{\pi}\int_0^{2\pi} T\sin(nx/2)dx$$

よって

$$b_n = \frac{1}{\pi}\int_0^{2\pi} T\sin(nx/2)dx = \frac{T}{\pi}\int_0^{2\pi}\sin(nx/2)dx = \frac{T}{\pi}\left[-\frac{\cos(nx/2)}{n/2}\right]_0^{2\pi} = \frac{2T}{\pi}\left(\frac{1}{n} - \frac{\cos n\pi}{n}\right)$$

と計算できる。この積分は n が偶数のとき 0 となり、奇数のとき

$$b_n = \frac{4T}{n\pi}$$

という値をとる。そこで、$n = 2m-1$ $(m = 1, 2, 3, 4 ....)$ と置き換えて

$$b_{2m-1} = \frac{4T}{(2m-1)\pi}$$

として

$$B_n = \frac{b_n}{2\sinh(n\pi)}$$

に代入すると

$$B_{2m-1} = \frac{b_{2m-1}}{2\sinh\{(2m-1)\pi\}} = \frac{2T}{(2m-1)\pi \sinh\{(2m-1)\pi\}}$$

これを $u(x, y)$ に代入すると

$$\begin{aligned} u(x,y) &= \sum_{n=1}^{\infty} 2B_n \sin(nx/2)\sinh(ny/2) \\ &= \sum_{m=1}^{\infty} \frac{4T}{(2m-1)\pi \sinh(2m-1)\pi} \sin\{(2m-1)x/2\}\sinh\{(2m-1)y/2\} \end{aligned}$$

と解が求められる。あるいは

$$u(x,y) = \frac{4T}{\pi}\left(\frac{\sin(x/2)\sinh(y/2)}{\sinh\pi} + \frac{\sin(3x/2)\sinh(3y/2)}{3\sinh 3\pi} + \frac{\sin(5x/2)\sinh(5y/2)}{5\sinh 5\pi} + ...\right)$$

となる。この解を第 3 項まで計算した結果のグラフを図 3-7 に示す。まだ収束はよくないが、確かに、3 辺の温度が 0 で 1 辺 $(y = 2\pi)$ だけが温度 T に近づいていく様子が分かる。

さらに、検算の意味で、得られた関数が境界条件を満足するかどうかを

第3章　フーリエ級数展開による微分方程式の解法

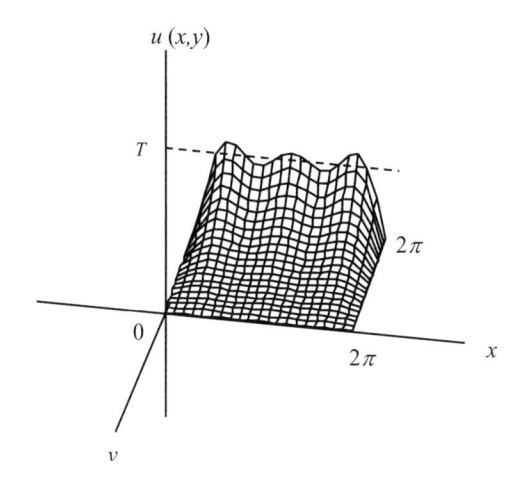

図 3-7 与えられた境界条件を満たすラプラス方程式の解 $u(x,y)$ のグラフ。

確かめてみよう。まず、$x=0$ および $x=2\pi$ のときは $\sin\{(2m-1)x/2\}$ の項がすべて 0 であるので、確かに $u(x,y)=0$ となる。つぎに、$y=0$ のときは、$\sinh\{(2m-1)y/2\}$ の項がすべて 0 となり、この場合も $u(x,y)=0$ という条件を満足している。最後に、$y=2\pi$ を代入すると

$$u(x,2\pi) = \frac{4T}{\pi}\left(\frac{\sin(x/2)\sinh\pi}{\sinh\pi} + \frac{\sin(3x/2)\sinh 3\pi}{3\sinh 3\pi} + \frac{\sin(5x/2)\sinh 5\pi}{5\sinh 5\pi} + ...\right)$$

$$= \frac{4T}{\pi}\left(\frac{\sin(x/2)}{1} + \frac{\sin(3x/2)}{3} + \frac{\sin(5x/2)}{5} + ...\right)$$

となるが、この展開式に記憶がないであろうか。そう、演習 2-5 で行った

$$\begin{cases} f(x) = -1 & (-\pi \leq x \leq 0) \\ f(x) = 1 & (0 \leq x \leq \pi) \end{cases}$$

の周期関数のフーリエ級数展開が

$$f(x) = \frac{4}{\pi}\left(\sin x + \frac{\sin 3x}{3} + \frac{\sin 5x}{5} + \cdots + \frac{\sin(2n-1)x}{2n-1} + \cdots\right)$$

であった。そこで、この級数展開の周期を -2π から 2π と広げ、正の部分

$(0 \leq x \leq 2\pi)$ だけを考えると

$$f(x) = 1 = \frac{4}{\pi}\left(\sin(x/2) + \frac{\sin(3x/2)}{3} + \frac{\sin(5x/2)}{5} + \cdots + \frac{\sin\{(2n-1)x/2\}}{2n-1} + \cdots\right)$$

という等式が得られる。これを先ほどの $u(x, 2\pi)$ に代入すると

$$u(x, 2\pi) = \frac{4T}{\pi}\left(\frac{\sin(x/2)}{1} + \frac{\sin(3x/2)}{3} + \frac{\sin(5x/2)}{5} + \ldots\right) = T$$

となり、境界条件を満足することが確かめられる。

演習 3-4 与えられた境界条件のもとで、つぎの偏微分方程式を満足する関数 $u(x, y)$ を求めよ。

$$\frac{\partial^2 u(x,y)}{\partial x^2} + \frac{\partial^2 u(x,y)}{\partial y^2} = 0 \qquad (0 \leq x \leq l, \quad 0 \leq y \leq m)$$

$$\begin{cases} u(0, y) = 0, & u(l, y) = 0 \\ u(x, 0) = f(x), & u(x, m) = 0 \end{cases}$$

解) $u(x, y)$ のフーリエ級数展開を

$$u(x, y) = \frac{a_0(y)}{2} + \sum_{n=1}^{\infty}\left(a_n(y)\cos\frac{n\pi x}{l} + b_n(y)\sin\frac{n\pi x}{l}\right)$$

と置く。まず、境界条件より

$$u(0, y) = \frac{a_0(y)}{2} + \sum_{n=1}^{\infty}(a_n(y)\cos 0 + b_n(y)\sin 0) = \frac{a_0(y)}{2} + \sum_{n=1}^{\infty} a_n(y) = 0$$

であるが、これが恒等的に成立するためには

$$a_0(y) = 0 \quad a_n(y) = 0$$

でなければならない。こうすると、フーリエ級数展開式は簡単となり

$$u(x,y) = \sum_{n=1}^{\infty} b_n(y) \sin \frac{n\pi x}{l}$$

と与えられる。これは、フーリエサイン級数である。ここで、あらためて微分方程式に代入すると

$$\frac{\partial^2 u(x,y)}{\partial x^2} = \sum_{n=1}^{\infty} b_n(y) \left\{ -\left(\frac{n\pi}{l}\right)^2 \sin \frac{n\pi x}{l} \right\}$$

$$\frac{\partial^2 u(x,y)}{\partial y^2} = \sum_{n=1}^{\infty} \frac{d^2 b_n(y)}{dy^2} \sin \frac{n\pi x}{l}$$

これを上の偏微分方程式に代入すると

$$-\sum_{n=1}^{\infty} \left(\frac{n\pi}{l}\right)^2 b_n(y) \sin \frac{n\pi x}{l} + \sum_{n=1}^{\infty} \frac{d^2 b_n(y)}{dy^2} \sin \frac{n\pi x}{l} = 0$$

となり、よって

$$\frac{d^2 b_n(y)}{dy^2} = \left(\frac{n\pi}{l}\right)^2 b_n(y)$$

が成立しなければならない。この微分方程式の解として

$$b_n(y) = A_n \exp \omega y$$

を仮定すると

$$A_n \omega^2 \exp \omega y = \left(\frac{n\pi}{l}\right)^2 A_n \exp \omega y \qquad \therefore \omega = \pm \frac{n\pi}{l}$$

よって

$$b_n(y) = A_n \exp\left(\frac{n\pi}{l} y\right) + B_n \exp\left(-\frac{n\pi}{l} y\right)$$

となる。ここで、境界条件の $u(x, m) = 0$ より

$$b_n(m) = A_n \exp\left(\frac{nm\pi}{l}\right) + B_n \exp\left(-\frac{nm\pi}{l}\right) = 0$$

となるので

$$B_n = -A_n \exp\left(\frac{2nm\pi}{l}\right)$$

が得られる。よって

$$b_n(y) = A_n \exp\left(\frac{n\pi}{l} y\right) - A_n \exp\left(\frac{2nm\pi}{l}\right) \exp\left(-\frac{n\pi}{l} y\right)$$

この式を $A_n \exp(nm\pi/l)$ で括り出すと

$$b_n(y) = A_n \exp\left(\frac{nm\pi}{l}\right) \left\{ \exp\left(-\frac{nm\pi}{l}\right) \exp\left(\frac{n\pi}{l} y\right) - \exp\left(\frac{nm\pi}{l}\right) \exp\left(-\frac{n\pi}{l} y\right) \right\}$$

$$b_n(y) = A_n \exp\left(\frac{nm\pi}{l}\right) \left\{ \exp\left(\frac{n\pi}{l}(y-m)\right) - \exp\left(-\frac{n\pi}{l}(y-m)\right) \right\}$$

のように変形できるので、結局

$$b_n(y) = 2A_n \exp\left(\frac{nm\pi}{l}\right) \sinh\left(\frac{n\pi}{l}(y-m)\right)$$

とまとめることができる。さらに、最初の項は定数項であるので

$$c_n = 2A_n \exp\left(\frac{nm\pi}{l}\right)$$

と置き換えると

第 3 章　フーリエ級数展開による微分方程式の解法

$$b_n(y) = c_n \sinh\left(\frac{n\pi}{l}(y-m)\right)$$

となる。これを $u(x,y)$ の式に代入すると

$$u(x,y) = \sum_{n=1}^{\infty} b_n(y) \sin\frac{n\pi x}{l} = \sum_{n=1}^{\infty} c_n \sinh\left(\frac{n\pi}{l}(y-m)\right) \sin\frac{n\pi x}{l}$$

と与えられる。ここで、最後の境界条件より

$$u(x,0) = f(x) = \sum_{n=1}^{\infty} c_n \sinh\left(\frac{n\pi}{l}(0-m)\right) \sin\frac{n\pi x}{l} = \sum_{n=1}^{\infty} c_n \sinh\left(-\frac{nm\pi}{l}\right) \sin\frac{n\pi x}{l}$$

整理すると

$$f(x) = \sum_{n=1}^{\infty} c_n \sinh\left(-\frac{nm\pi}{l}\right) \sin\frac{n\pi x}{l}$$

となるが、これはまさに $f(x)$ のフーリエサイン級数であるから、その係数は

$$c_n \sinh\left(-\frac{nm\pi}{l}\right) = \frac{2}{l} \int_0^l f(x) \sin\left(\frac{n\pi x}{l}\right) dx$$

の積分で求められる。よって

$$c_n = \left\{1 \Big/ \sinh\left(-\frac{nm\pi}{l}\right)\right\} \frac{2}{l} \int_0^l f(x) \sin\left(\frac{n\pi x}{l}\right) dx$$

求める関数は

$$u(x,y) = \frac{2}{l} \sum_{n=1}^{\infty} \frac{\sinh\left(\frac{n\pi}{l}(y-m)\right)}{\sinh\left(-\frac{nm\pi}{l}\right)} \sin\left(\frac{n\pi x}{l}\right) \int_0^l f(x) \sin\left(\frac{n\pi x}{l}\right) dx$$

となる。

演習 3-5　前問において
$$f(x) = \sin\frac{\pi x}{l}$$
の場合の解を求めよ。

解)　前問の解

$$u(x,y) = \frac{2}{l}\sum_{n=1}^{\infty}\frac{\sinh\left(\frac{n\pi}{l}(y-m)\right)}{\sinh\left(-\frac{nm\pi}{l}\right)}\sin\left(\frac{n\pi x}{l}\right)\int_0^l f(x)\sin\left(\frac{n\pi x}{l}\right)dx$$

に代入すると

$$u(x,y) = \frac{2}{l}\sum_{n=1}^{\infty}\frac{\sinh\left(\frac{n\pi}{l}(y-m)\right)}{\sinh\left(-\frac{nm\pi}{l}\right)}\sin\left(\frac{n\pi x}{l}\right)\int_0^l \sin\frac{\pi x}{l}\sin\left(\frac{n\pi x}{l}\right)dx$$

となるが、ここで積分

$$\int_0^l \sin\frac{\pi x}{l}\sin\left(\frac{n\pi x}{l}\right)dx$$

の値が 0 とならないのは、$n = 1$ の場合だけである。このとき

$$\int_0^l \sin\frac{\pi x}{l}\sin\left(\frac{1\pi x}{l}\right)dx = \int_0^l \sin^2\left(\frac{\pi x}{l}\right)dx = \frac{1}{2}\int_0^l\left\{1 - \cos\left(\frac{2\pi x}{l}\right)\right\}dx = \frac{l}{2}$$

と計算できて、結局

$$u(x,y) = \frac{\sinh\left(\frac{\pi}{l}(y-m)\right)}{\sinh\left(-\frac{m\pi}{l}\right)}\sin\left(\frac{\pi x}{l}\right)$$

第3章 フーリエ級数展開による微分方程式の解法

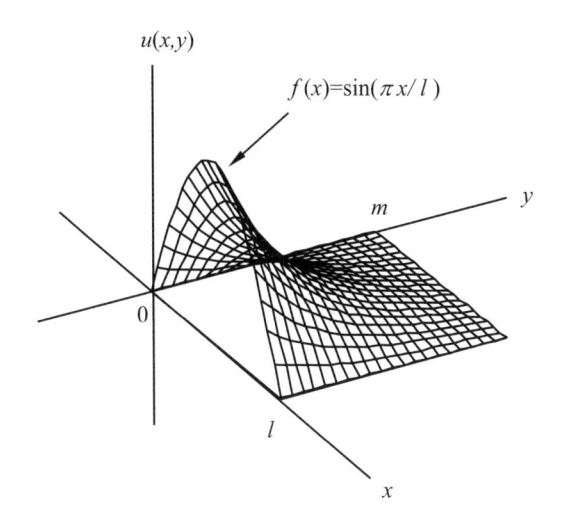

図 3-8 境界条件を満たす偏微分方程式の解の関数のグラフ。

と与えられる。

　この演習で得られた解を図示すると、図 3-8 のようになり、ある一辺では $\sin x$ のかたちをした分布が境界へ進むにしたがい次第に減衰して 0 となる関数が得られる。
　以上のように、フーリエ級数展開は周期のある（あるいは境界のある）場合の偏微分方程式の解法に大きな威力を発揮する。ただし、一般には周期のない場合もあり、このような場合には後ほど紹介するフーリエ変換の手法が有効となる。

第4章 複素フーリエ級数展開

前章で紹介したフーリエ級数展開は、ある関数を sine や cosine の関数として級数展開するものであった。いったん級数展開できれば、微分方程式の解法だけではなく、周期的な振動が存在する現象や複雑な波の解析などに利用することができる。しかし、実際に応用を考えた場合は、三角関数よりも、オイラー公式に基づいた複素指数関数、つまり $\exp(inx)$ で級数展開する方が汎用性が高い。たとえばオイラーの公式をみると

$$\exp(inx) = \cos nx + i \sin nx$$

となっていて、$\exp(inx)$ はたったひとつの表現で $\cos nx$ と $\sin nx$ の両方の波の性質を表すことができるのである。また、この関係から $\exp(inx)$ の周期が 2π であることが分かる。

そこで、本章では $\exp(inx)$ によるフーリエ級数展開について紹介する。

4.1. 複素フーリエ級数展開

前章で示したように、周期が 2π の場合、三角関数によるフーリエ級数展開の一般式は

$$F(x) = \frac{a_0}{2} + \sum_{n=1}^{\infty}(a_n \cos nx + b_n \sin nx)$$

であった。ここで、オイラーの公式を思い出すと

第 4 章 複素フーリエ級数展開

$$\cos nx = \frac{e^{inx} + e^{-inx}}{2} \qquad \sin nx = \frac{e^{inx} - e^{-inx}}{2i}$$

これらを上の展開式に代入すると

$$F(x) = \frac{a_0}{2} + \sum_{n=1}^{\infty}(a_n \cos nx + b_n \sin nx) = \frac{a_0}{2} + \sum_{n=1}^{\infty}(a_n \frac{e^{inx} + e^{-inx}}{2} + b_n \frac{e^{inx} - e^{-inx}}{2i})$$

となる。これを整理しなおすと

$$F(x) = \frac{a_0}{2} + \frac{1}{2}\sum_{n=1}^{\infty}\left\{\left(a_n + \frac{b_n}{i}\right)e^{inx} + \left(a_n - \frac{b_n}{i}\right)e^{-inx}\right\}$$

よって

$$F(x) = \frac{a_0}{2} + \frac{1}{2}\sum_{n=1}^{\infty}\left\{(a_n - b_n i)e^{inx} + (a_n + b_n i)e^{-inx}\right\}$$

となる。ここで、フーリエ係数を

$$c_0 = \frac{a_0}{2} \qquad c_n = \frac{1}{2}(a_n - b_n i) \qquad c_{-n} = \frac{1}{2}(a_n + b_n i)$$

と置き換える。すると

$$F(x) = c_0 + \sum_{n=1}^{\infty}\left(c_n e^{inx} + c_{-n} e^{-inx}\right)$$

となるが、これはさらに

$$F(x) = \sum_{-\infty}^{\infty} c_n e^{inx}$$

と c_0 も含めてまとめることができる。ただし、これら複素フーリエ係数には

$$c_{-n} = (c_n)^*$$

という複素共役 (complex conjugate) の関係が成立する。

1 章で紹介したように exp(*inx*) は、複素平面においては、半径 1 の単位円に対応し、この円に沿っての運動は、実数軸および虚数軸に着目すると、それぞれ cos *nx* および sin *nx* の波に対応している。つまり、exp(*inx*) は波を表現するのに最適の数式表現である。そして、このフーリエ級数展開は、図 4-1 に示すように、関数 $F(x)$ を

$$\{1, \exp(ix), \exp(-ix), \exp(i2x), \exp(-i2x), ..., \exp(inx), \exp(-inx), ...\}$$

という基本周波数の整数倍の波の重ね合せで表現していることになる。実は、三角関数の場合と同じように、これら関数系は直交関係にある。それを確かめてみよう。ただし、これら関数系の内積をとる場合には、複素数であることに注意する必要がある。例えば

$$z = a + bi$$

という複素数の絶対値を求める場合には、この複素数と複素共役な数をかける必要があった。つまり

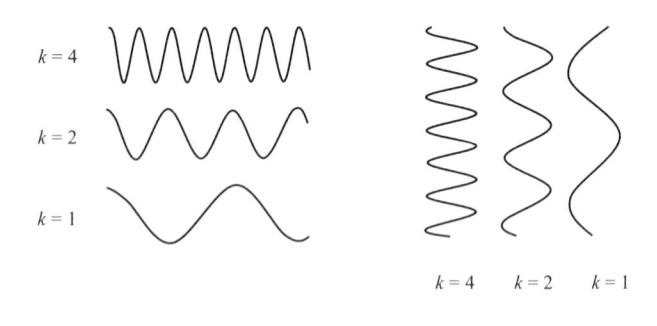

$k = 4$

$k = 2$

$k = 1$

$k = 4 \quad k = 2 \quad k = 1$

$\cos kx$ \qquad $i\sin kx$

図 4-1 exp(*ikx*) は cos *kx* と *i* sin *kx* の合成された波に相当する。複素平面において、*i* のかけ算は$\pi/2$ の回転に対応しており、exp(*ikx*)は位相が$\pi/2$ だけ異なる波の成分も同時に表現できる。

第4章 複素フーリエ級数展開

$$z^* = a - bi$$

である。そして

$$|z|^2 = zz^* = z^*z = (a+bi)(a-bi) = a^2 + b^2$$

となる。複素関数の内積をとる場合にも、同様の工夫が必要となる。例えば、$f(x)$と $g(x)$ の内積 (f, g) は

$$(f, g) = \int_a^b f^*(x)g(x)dx$$

となる。すると、$\exp(imx)$ と $\exp(inx)$ の内積は

$$\int_0^{2\pi} \{\exp(imx)\}^* \exp(inx)dx = \int_0^{2\pi} \exp(-imx)\exp(inx)dx = \int_0^{2\pi} \exp i(n-m)x\, dx$$

と与えられる。ここで $m \neq n$ のとき

$$\int_0^{2\pi} \exp(i(n-m)x)dx = \left[\frac{1}{i(n-m)}\exp(i(n-m)x)\right]_0^{2\pi} = \frac{1}{i(n-m)}(1-1) = 0$$

となって、この積分は 0 となる。よって、$\exp(imx)$ と $\exp(inx)$ はつねに直交することを示している。一方、$m = n$ のときは

$$\int_0^{2\pi} \exp(i(n-m)x)dx = \int_0^{2\pi} e^0 dx = \int_0^{2\pi} 1 dx = [x]_0^{2\pi} = 2\pi$$

と与えられる。よって、これら関数の大きさ、つまりノルムは、すべて $\sqrt{2\pi}$ となる。ついでに、三角関数のところで行ったように、正規直交化基底をつくると

$$\left\{\frac{1}{\sqrt{2\pi}}, \frac{1}{\sqrt{2\pi}}\exp(ix), \frac{1}{\sqrt{2\pi}}\exp(-ix), \cdots, \frac{1}{\sqrt{2\pi}}\exp(inx), \frac{1}{\sqrt{2\pi}}\exp(-inx), \cdots\right\}$$

となる。つまり、この関数系では正規直交化因子として $1/\sqrt{2\pi}$ がつくことになる。

4.2. 複素フーリエ係数

さて、それでは複素フーリエ級数展開の場合にフーリエ係数 c_n はどのようにして求められるのであろうか。もう一度、一般式を書くと

$$F(x) = \sum_{-\infty}^{\infty} c_n e^{inx}$$

成分を具体的に示すと

$$F(x) = ... + c_{-n}e^{-inx} + ... + c_{-2}e^{-i2x} + c_{-1}e^{-ix} + c_0 + c_1 e^{ix} + c_2 e^{i2x} + ... + c_n e^{inx} + ...$$

となる。

この場合も、三角関数と同様に積分をうまく利用して、$\exp(inx)$ の項のみ選択的に取りだす。例えば、$F(x)$ に $\exp(-inx)$ をかけたのち、0 から 2π で積分してみよう。すると

$$\begin{aligned}
&\int_0^{2\pi} F(x) e^{-inx} dx = \\
&... + c_{-n} \int_0^{2\pi} e^{-i2nx} dx + ... \\
&+ c_{-1} \int_0^{2\pi} e^{-i(n+1)x} dx + c_0 \int_0^{2\pi} e^{-inx} dx + c_1 \int_0^{2\pi} e^{-i(n-1)x} dx + ... + c_n \int_0^{2\pi} 1 dx + ...
\end{aligned}$$

と項別積分に分解できるが、この中で積分値がゼロとならずに残るのは、唯一 $c_n \exp(inx)$ の項である。なぜなら、この項だけは

$$e^{inx} \cdot e^{-inx} = 1$$

という作用のおかげで $\int_0^{2\pi} e^{inx} dx = 0$ の束縛から逃れられるからである。

第4章 複素フーリエ級数展開

これを式で表せば

$$\int_0^{2\pi} F(x)e^{-inx}dx = \int_0^{2\pi} c_n dx = c_n [x]_0^{2\pi} = 2\pi c_n$$

となる。結局、$F(x)$ を使って、係数 c_n を表すと

$$c_n = \frac{1}{2\pi}\int_0^{2\pi} F(x)e^{-inx}dx$$

と与えられることになる。つまり、適当な関数 $F(x)$ が与えられた時に

$$\begin{cases} F(x) = \displaystyle\sum_{-\infty}^{\infty} c_n e^{inx} \\ c_n = \dfrac{1}{2\pi}\displaystyle\int_0^{2\pi} F(x)e^{-inx}dx \end{cases}$$

の組み合わせで、フーリエ級数展開と、複素フーリエ係数を求められることになる。もちろん、積分範囲を $-\pi$ から π として

$$\begin{cases} F(x) = \displaystyle\sum_{-\infty}^{\infty} c_n e^{inx} \\ c_n = \dfrac{1}{2\pi}\displaystyle\int_{-\pi}^{\pi} F(x)e^{-inx}dx \end{cases}$$

のように書くこともできる。

演習 4-1 $F(x) = x^2$ を区間 $-\pi \leq x \leq \pi$ でフーリエ級数に展開せよ。

解) $c_n = \dfrac{1}{2\pi}\displaystyle\int_{-\pi}^{\pi} F(x)e^{-inx}dx$ より、まず

$$c_0 = \frac{1}{2\pi}\int_{-\pi}^{\pi} x^2 dx = \frac{1}{2\pi}\left[\frac{x^3}{3}\right]_{-\pi}^{\pi} = \frac{\pi^2}{3}$$

が得られる。また、$n \neq 0$ に対しては

$$c_n = \frac{1}{2\pi}\int_{-\pi}^{\pi} x^2 e^{-inx} dx$$

ここで部分積分を利用する。

$$\left(x^2 \cdot \frac{e^{-inx}}{(-in)}\right)' = 2x \cdot \frac{e^{-inx}}{(-in)} + x^2 \cdot e^{-inx}$$

を使うと

$$\int x^2 e^{-inx} dx = x^2 \cdot \frac{e^{-inx}}{(-in)} - \int 2x \cdot \frac{e^{-inx}}{(-in)} dx$$

さらに、もう一度部分積分

$$\left(2x \cdot \frac{e^{-inx}}{(-in)^2}\right)' = 2 \cdot \frac{e^{-inx}}{(-in)^2} + 2x \cdot \frac{e^{-inx}}{(-in)}$$

を使うと

$$\int 2x \cdot \frac{e^{-inx}}{(-in)} dx = 2x \cdot \frac{e^{-inx}}{(-in)^2} - 2\int \frac{e^{-inx}}{(-in)^2} dx = -2x \cdot \frac{e^{-inx}}{n^2} + 2\int \frac{e^{-inx}}{n^2} dx$$

と変形できる。結局

$$c_n = \frac{1}{2\pi}\int_{-\pi}^{\pi} x^2 e^{-inx} dx = \frac{1}{2\pi}\left[x^2 \cdot \frac{e^{-inx}}{(-in)} + 2x \cdot \frac{e^{-inx}}{n^2}\right]_{-\pi}^{\pi} - \frac{1}{\pi}\int_{-\pi}^{\pi}\frac{e^{-inx}}{n^2} dx$$

となる。最後の積分値はゼロであるから

第4章 複素フーリエ級数展開

$$c_n = \frac{1}{2\pi}\left\{\left[\pi^2 \cdot \frac{e^{-in\pi}}{(-in)} + 2\pi \cdot \frac{e^{-in\pi}}{n^2}\right] - \left[\pi^2 \cdot \frac{e^{in\pi}}{(-in)} - 2\pi \cdot \frac{e^{in\pi}}{n^2}\right]\right\}$$

$$c_n = \frac{\pi}{n}\frac{e^{in\pi} - e^{-in\pi}}{2i} + \frac{2}{n^2}\frac{e^{in\pi} + e^{-in\pi}}{2} = \frac{\pi}{n}\sin n\pi + \frac{2}{n^2}\cos n\pi$$

よって、c_n は

$$c_n = (-1)^n \frac{2}{n^2}$$

で与えられることになる。結局、x^2 のフーリエ級数展開は

$$x^2 = \frac{\pi^2}{3} + \sum_{-\infty}^{\infty}(-1)^n \frac{2}{n^2}e^{inx} \qquad (ただし n \neq 0)$$

となる。ところで、この和の中には、かならず $+n$ と $-n$ の項が対で出てくるので、つぎのように変形することができる。

$$x^2 = \frac{\pi^2}{3} + \sum_{n=1}^{\infty}\{(-1)^n \frac{2}{n^2}e^{inx} + (-1)^{-n}\frac{2}{(-n)^2}e^{-inx}\} = \frac{\pi^2}{3} + \sum_{n=1}^{\infty}(-1)^n \frac{2}{n^2}\{e^{inx} + e^{-inx}\}$$

ここで、オイラーの公式より

$$e^{inx} + e^{-inx} = 2\cos nx$$

の関係があるので、上式は

$$x^2 = \frac{\pi^2}{3} + \sum_{n=1}^{\infty}(-1)^n \frac{4}{n^2}\cos nx$$

のようにまとめられる。実際に数値を代入すると

$$x^2 = \frac{\pi^2}{3} - 4\left(\frac{\cos x}{1^2} - \frac{\cos 2x}{2^2} + \frac{\cos 3x}{3^2} - \frac{\cos 4x}{4^2} + ...\right)$$

と展開できる。

演習 4-2　$F(x) = x$ を区間 $-\pi \leq x \leq \pi$ でフーリエ級数に展開せよ。

解）　$c_n = \dfrac{1}{2\pi}\displaystyle\int_{-\pi}^{\pi} F(x) e^{-inx} dx$　より、まず

$$c_0 = \frac{1}{2\pi}\int_{-\pi}^{\pi} x\, dx = \frac{1}{2\pi}\left[\frac{x^2}{2}\right]_{-\pi}^{\pi} = \frac{1}{2\pi}\left(\frac{\pi^2}{2} - \frac{\pi^2}{2}\right) = 0$$

が得られる。また、$n \neq 0$ に対しては

$$c_n = \frac{1}{2\pi}\int_{-\pi}^{\pi} x e^{-inx} dx$$

ここで部分積分を利用すると

$$\int_{-\pi}^{\pi} x e^{-inx} dx = \left[x \cdot \frac{e^{-inx}}{(-in)}\right]_{-\pi}^{\pi} - \int_{-\pi}^{\pi} \frac{e^{-inx}}{(-in)} dx$$

右辺の第 2 項の積分値は 0 であるから

$$c_n = \frac{1}{2\pi}\int_{-\pi}^{\pi} x e^{-inx} dx = \frac{1}{2\pi}\left[x \cdot \frac{e^{-inx}}{(-in)}\right]_{-\pi}^{\pi} = \frac{1}{2\pi}\left\{\left(\pi \cdot \frac{e^{-in\pi}}{(-in)}\right) - \left((-\pi) \cdot \frac{e^{in\pi}}{(-in)}\right)\right\}$$

$$= -\frac{e^{in\pi} + e^{-in\pi}}{2ni} = -\frac{\cos n\pi}{in}$$

となる。結局、$F(x) = x$ のフーリエ級数展開は

$$F(x) = x = -\sum_{-\infty}^{\infty} \frac{\cos n\pi}{in} e^{inx}$$

となる。ここで、この一般式を書き換えると

$$F(x) = -\sum_{n=1}^{\infty} \frac{\cos n\pi}{in}\left(e^{inx} - e^{-inx}\right) = -\sum_{n=1}^{\infty} \frac{(-1)^n}{n} 2\sin nx$$

とまとめられる。よって、具体的に成分を書き出すと

$$F(x) = 2\left(\frac{\sin x}{1} - \frac{\sin 2x}{2} + \frac{\sin 3x}{3} - \frac{\sin 4x}{4} + \cdots\right)$$

となる。

演習 4-3　$f(x) = |\sin x|\ (-\pi \leq x \leq \pi)$　(図 4-2)の周期関数をフーリエ級数展開せよ。

解）係数 c_n は $c_n = \dfrac{1}{2\pi}\displaystyle\int_{-\pi}^{\pi} f(x)e^{-inx}dx$　より、まず

$$\begin{aligned}c_0 &= \frac{1}{2\pi}\int_{-\pi}^{\pi} f(x)dx = \frac{1}{2\pi}\int_{-\pi}^{0}(-\sin x)dx + \frac{1}{2\pi}\int_{0}^{\pi}\sin x\,dx \\ &= \frac{1}{\pi}\int_{0}^{\pi}\sin x\,dx = \frac{1}{\pi}\left[-\cos x\right]_0^{\pi} = \frac{2}{\pi}\end{aligned}$$

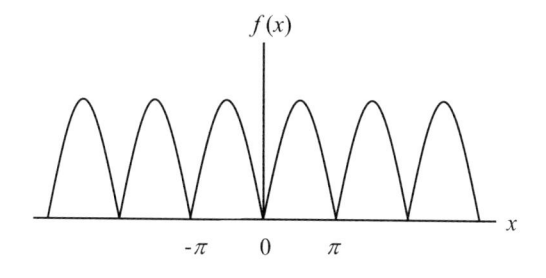

図 4-2　$f(x) = |\sin x|$ のグラフ。

つぎに、一般の複素フーリエ係数は

$$c_n = \frac{1}{2\pi}\int_{-\pi}^{\pi} f(x)\exp(-inx)dx$$
$$= \frac{1}{2\pi}\int_{-\pi}^{0}\bigl(-\sin x\exp(-inx)\bigr)dx + \frac{1}{2\pi}\int_{0}^{\pi}\sin x\exp(inx)dx$$

となる。ここで $x=-t$ とおくと $dx=-dt$ であり $x=-\pi$ のとき $t=\pi$ であるから、最初の積分は

$$\int_{-\pi}^{0}\bigl(-\sin x\exp(-inx)\bigr)dx = \int_{\pi}^{0}\sin(-t)\exp(int)dt = \int_{0}^{\pi}\sin t\exp(int)dt$$

と変形できるので、結局

$$c_n = \frac{1}{\pi}\int_{0}^{\pi}\sin x\exp(inx)dx$$

オイラーの公式

$$\sin x = \frac{\exp(ix)-\exp(-ix)}{2i}$$

の関係を使うと

$$c_n = \frac{1}{\pi}\int_{0}^{\pi}\frac{\exp(ix)-\exp(-ix)}{2i}\exp(inx)dx$$
$$= \frac{1}{2\pi i}\left\{\int_{0}^{\pi}\exp\bigl(i(n+1)x\bigr)dx - \int_{0}^{\pi}\exp\bigl(i(n-1)x\bigr)dx\right\}$$

ここで

$$\int_{0}^{\pi}\exp\bigl(i(n+1)x\bigr)dx = \left[\frac{\exp\bigl(i(n+1)x\bigr)}{i(n+1)}\right]_{0}^{\pi} = \frac{\exp\bigl(i(n+1)\pi\bigr)-1}{i(n+1)}$$

と計算できるが

第4章　複素フーリエ級数展開

$$\exp(i(n+1)\pi) = \begin{cases} 1 & (n=1,3,5,...) \\ -1 & (n=2,4,6,...) \end{cases}$$

のように、n が偶数のときだけ値が得られるので、$n=2m$ とおいて

$$\int_0^\pi \exp(i(n+1)x)dx = \begin{cases} \dfrac{-2}{i(n+1)} = \dfrac{-2}{i(2m+1)} & (n=2m) \\ 0 & (n=2m+1) \end{cases}$$

と書くことができる。一方

$$\int_0^\pi \exp(i(n-1)x)dx = \left[\dfrac{\exp(i(n-1)x)}{i(n-1)}\right]_0^\pi = \dfrac{\exp(i(n-1)\pi)-1}{i(n-1)}$$

と計算できるが

$$\exp(i(n-1)\pi) = \begin{cases} 1 & (n=1,3,5,...) \\ -1 & (n=2,4,6,...) \end{cases}$$

のように、n が偶数のときだけ値が得られるので、$n=2m$ とおいて

$$\int_0^\pi \exp(i(n-1)x)dx = \dfrac{-2}{i(n-1)} = \dfrac{-2}{i(2m-1)}$$

よって

$$c_n = \dfrac{1}{2\pi i}\left\{\int_0^\pi \exp(i(n+1)x)dx - \int_0^\pi \exp(i(n-1)x)dx\right\} = \dfrac{1}{2\pi i}\left\{\dfrac{-2}{i(2m+1)} - \dfrac{-2}{i(2m-1)}\right\}$$

$$= \dfrac{1}{2\pi i^2}\left\{\dfrac{-2}{(2m+1)} - \dfrac{-2}{(2m-1)}\right\} = \dfrac{1}{\pi}\left\{\dfrac{1}{(2m+1)} - \dfrac{1}{(2m-1)}\right\} = \dfrac{1}{\pi}\left(\dfrac{-2}{4m^2-1}\right)$$

よって、フーリエ級数展開は

$$f(x) = \dfrac{2}{\pi} - \sum_{n=-\infty}^{\infty} c_n \exp(inx) = \dfrac{2}{\pi} - \dfrac{2}{\pi}\sum_{m=-\infty}^{\infty}\dfrac{\exp(i2mx)}{4m^2-1}$$

で与えられる。ここで、Σ の和の中には m と $-m$ が対で現れるので

$$F(x) = \frac{2}{\pi} - \frac{2}{\pi} \sum_{m=1}^{\infty} \frac{\exp(i2mx) + \exp(-i2mx)}{4m^2 - 1} = \frac{2}{\pi} - \frac{4}{\pi} \sum_{m=1}^{\infty} \frac{\cos 2mx}{4m^2 - 1}$$

となる。項を書き出すと

$$F(x) = \frac{2}{\pi} - \frac{4}{\pi} \left(\frac{\cos 2x}{3} + \frac{\cos 4x}{15} + \frac{\cos 6x}{35} + \cdots \right)$$

となる。あるいは級数のかたちをより明確に示して

$$F(x) = \frac{2}{\pi} - \frac{4}{\pi} \left(\frac{\cos 2x}{1 \cdot 3} + \frac{\cos 4x}{3 \cdot 5} + \frac{\cos 6x}{5 \cdot 7} + \cdots \right)$$

と表記されることもよくある。

このように、複素指数関数を利用して、フーリエ級数展開を行っても、実数関数の場合は、最終的には実数関数の級数展開として表現することができる。

また、以上の取り扱いは積分範囲が 0 から 2π ($-\pi$ から π) としているが、三角関数と同様に積分範囲を任意の大きさに修正することは可能である。

4.3. 任意周期の複素フーリエ級数

前項の取り扱いは、$\exp(inx)$ の周期が 2π の波を考えている。しかし、多くの波は周期がいつでも 2π とは限らない。そこで、一般の波に対応させるためには、式を修正することが必要となる。

そこで、周期が $2L$ の波を考える。すると

第 4 章　複素フーリエ級数展開

$$2\pi \to 2L\pi x \to \left(\frac{\pi}{L}\right)nx \to \frac{n\pi x}{L}$$

の変換が必要になる。また、$0 < x < 2\pi$ ($-\pi < x < \pi$) の積分範囲は $0 < x < 2L$ ($-L < x < L$) となる。

よって周期 $2L$ に対応した複素フーリエ級数の一般式は

$$F(x) = \sum_{-\infty}^{\infty} c_n \exp\left(i\frac{n\pi}{L}x\right)$$

$$c_n = \frac{1}{2L}\int_0^{2L} F(x)\exp\left(-i\frac{n\pi}{L}x\right)dx$$

で与えられる。もちろん

$$F(x) = \sum_{-\infty}^{\infty} c_n \exp\left(i\frac{n\pi}{L}x\right)$$

$$c_n = \frac{1}{2L}\int_{-L}^{L} F(x)\exp\left(-i\frac{n\pi}{L}x\right)dx$$

と積分範囲を選ぶこともできる。

演習 4-4　$F(x) = x$　$(0 \leq x \leq 2L)$ を複素フーリエ級数展開せよ。

解)　$c_n = \dfrac{1}{2L}\int_0^{2L} F(x)\exp\left(-i\dfrac{n\pi}{L}x\right)dx$　より、まず

$$c_0 = \frac{1}{2L}\int_0^{2L} x\,dx = \frac{1}{2L}\left[\frac{x^2}{2}\right]_0^{2L} = \frac{1}{2L}\left(\frac{4L^2}{2}\right) = L$$

が得られる。また、$n \neq 0$ に対しては

$$c_n = \frac{1}{2L}\int_0^{2L} x \exp\left(-i\frac{n\pi}{L}x\right)dx$$

ここで部分積分を利用すると

$$\int_0^{2L} x \exp\left(-i\frac{n\pi}{L}x\right)dx$$
$$=\left[x\cdot\frac{L}{(-in\pi)}\exp\left(-i\frac{n\pi}{L}x\right)\right]_0^{2L} - \int_0^{2L}\frac{L}{(-in\pi)}\exp\left(-i\frac{n\pi}{L}x\right)dx$$

右辺の第2項の積分値は0であるから

$$c_n = \frac{1}{2L}\int_0^{2L} x \exp\left(-i\frac{n\pi}{L}x\right)dx = \frac{1}{2L}\left[x\cdot\frac{L}{(-in\pi)}\exp\left(-i\frac{n\pi}{L}x\right)\right]_0^{2L}$$
$$= \frac{1}{2L}\left\{\left(\frac{2L^2}{(-in\pi)}\right)\exp(-i2n\pi)\right\} = -\frac{L}{in\pi}$$

となる。結局、$F(x) = x$ のフーリエ級数展開は

$$F(x) = L - \sum_{-\infty}^{\infty}\frac{L}{in\pi}\exp\left(i\frac{n\pi}{L}x\right) \qquad (ただし n \neq 0)$$

となる。ところで、この和の中には必ず、$\pm n$ が対であらわれるので

$$\frac{L}{in\pi}\exp\left(i\frac{n\pi}{L}x\right) + \frac{L}{i(-n)\pi}\exp\left(i\frac{(-n)\pi}{L}x\right) = \frac{L}{in\pi}\left\{\exp\left(i\frac{n\pi}{L}x\right) - \exp\left(-i\frac{n\pi}{L}x\right)\right\}$$

オイラーの公式を使うと

$$\frac{L}{in\pi}\left\{\exp\left(i\frac{n\pi}{L}x\right) - \exp\left(-i\frac{n\pi}{L}x\right)\right\} = \frac{2L}{n\pi}\sin\frac{n\pi x}{L}$$

となり

$$F(x) = L - \sum_{n=1}^{\infty}\frac{2L}{n\pi}\sin\left(\frac{n\pi x}{L}\right)$$

とまとめられる。

4.4. 2重フーリエ級数

三角フーリエ級数でも紹介したように、複素フーリエ級数も変数が 2 個の場合に対応した 2 重フーリエ級数 (double Fourier series) を考えることができる。しかも、複素フーリエ級数の方がはるかに簡単になる。

いま $F(x, t)$ という 2 変数関数を考える。

$$F(x,t) = u(t)f(x)$$

とおいて、それぞれの関数のフーリエ級数展開を求める。

$$u(t) = \sum_{-\infty}^{\infty} c_m \exp(imt)$$

$$f(x) = \sum_{-\infty}^{\infty} C_n \exp(inx)$$

これらをかけ合わせると

$$F(x,t) = u(t)f(x) = \left(\sum_{-\infty}^{\infty} c_m \exp(imt)\right)\left(\sum_{-\infty}^{\infty} C_n \exp(inx)\right)$$

$$= \sum_{-\infty}^{\infty}\sum_{-\infty}^{\infty} c_m C_n \exp i(mt + nx)$$

となる。

4.5. パーシバルの等式

ここで、有名なパーシバルの等式 (Parseval equality) について紹介する。複素フーリエ級数展開は

$$\begin{cases} F(x) = \displaystyle\sum_{n=-\infty}^{\infty} c_n \exp(inx) \\ c_n = \dfrac{1}{2\pi} \displaystyle\int_{-\pi}^{\pi} F(x) \exp(-inx) dx \end{cases}$$

であるが、ここでつぎの積分を考えてみよう。

$$\frac{1}{2\pi} \int_{-\pi}^{\pi} F^2(x) dx$$

これは、関数の内積を考えた場合、$F(x)$ 自身の内積に相当する。この式に、$F(x)$ のフーリエ級数展開式を代入してみる。

$$F(x) = \sum_{n=-\infty}^{\infty} c_n \exp(-inx)$$

ただし、$F(x) = \sum_{n=-\infty}^{\infty} c_n \exp(inx)$ を採用することも可能である。具体的に項を書くと

$$F(x) = \ldots + c_{-n} e^{-inx} + \ldots + c_{-2} e^{-i2x} + c_{-1} e^{-ix} + c_0 + c_1 e^{ix} + c_2 e^{i2x} + \ldots + c_n e^{inx} + \ldots$$

となるので

$$F^2(x) = \left(\ldots + c_{-n} e^{-inx} + \ldots + c_{-2} e^{-i2x} + c_{-1} e^{-ix} + c_0 + c_1 e^{ix} + c_2 e^{i2x} + \ldots + c_n e^{inx} + \ldots\right)$$
$$\left(\ldots + c_{-n} e^{-inx} + \ldots + c_{-2} e^{-i2x} + c_{-1} e^{-ix} + c_0 + c_1 e^{ix} + c_2 e^{i2x} + \ldots + c_n e^{inx} + \ldots\right)$$

これは Σ 記号を使ってまとめると

$$F^2(x) = \sum_{n=-\infty}^{\infty} \sum_{m=-\infty}^{\infty} c_n \exp(-inx) c_m \exp(-imx) = \sum_{n=-\infty}^{\infty} \sum_{m=-\infty}^{\infty} c_n c_m \exp(-i(m+n)x)$$

と表記できる。よって

$$\frac{1}{2\pi}\int_{-\pi}^{\pi}F^2(x)dx = \frac{1}{2\pi}\int_{-\pi}^{\pi}\sum_{n=-\infty}^{\infty}\sum_{m=-\infty}^{\infty}c_n c_m \exp(-i(m+n)x)dx$$

ところで、k が 0 でないかぎり、すべての整数に対して

$$\int_{-\pi}^{\pi}\exp(ikx)dx = 0$$

であり、k が 0 のとき

$$\int_{-\pi}^{\pi}\exp(i0x)dx = \int_{-\pi}^{\pi}1dx = [x]_{-\pi}^{\pi} = (\pi-(-\pi)) = 2\pi$$

となる。よって上の積分は、$m+n=0$、つまり $m=-n$ のときのみ 2π となるので

$$\frac{1}{2\pi}\int_{-\pi}^{\pi}\sum_{n=-\infty}^{\infty}\sum_{m=-\infty}^{\infty}c_n c_m \exp(-i(m+n)x)dx = \frac{1}{2\pi}\sum_{n=-\infty}^{\infty}c_n c_{-n}(2\pi) = \sum_{n=-\infty}^{\infty}c_n c_{-n}$$

ここで複素フーリエ係数の性質として

$$c_{-n} = (c_n)*$$

のような複素共役の関係にあったので

$$\sum_{n=-\infty}^{\infty}c_n c_{-n} = \sum_{n=-\infty}^{\infty}c_n c_n* = \sum_{n=-\infty}^{\infty}|c_n|^2$$

となる。よって

$$\frac{1}{2\pi}\int_{-\pi}^{\pi}F^2(x)dx = \sum_{n=-\infty}^{\infty}|c_n|^2$$

の関係が得られる。これは、ある関数の 2 乗を積分したものは、フーリエ係数の 2 乗の和に等しいという関係であり、パーシバルの等式 (Parseval equality) と呼ばれている。これは、関数の内積という観点からみると、$F(x)$ 自身の内積は、その係数（ベクトルの成分に対応する）の 2 乗と等しいと

いう関係と等価である。
　ここで、本書のフーリエ級数展開の対象としている関数は実関数であったから

$$\frac{1}{2\pi}\int_{-\pi}^{\pi} F^2(x)dx = \frac{1}{2\pi}\int_{-\pi}^{\pi}|F(x)|^2 dx$$

と書くことができる。それでは、パーシバルの等式を、実フーリエ係数で表現してみよう。実フーリエ級数展開は

$$F(x) = \frac{a_0}{2} + \sum_{n=1}^{\infty}(a_n \cos nx + b_n \sin nx)$$

であった。複素フーリエ係数との関係は

$$c_0 = \frac{a_0}{2} \qquad c_n = \frac{1}{2}(a_n - b_n i) \qquad c_{-n} = \frac{1}{2}(a_n + b_n i)$$

であった。すると

$$\sum_{n=-\infty}^{\infty} c_n c_{-n} = \sum_{n=-\infty}^{\infty} c_n c_n{}^* = \sum_{n=-\infty}^{\infty}|c_n|^2$$

において、$n = 0$ の場合は

$$|c_0|^2 = \left|\frac{a_0}{2}\right|^2 = \frac{|a_0|^2}{4} = \frac{a_0{}^2}{4}$$

となる。つぎに、$n \neq 0$ の場合、$-\infty$ から $+\infty$ まで和をとると、$c_n c_{-n}$ と $c_{-n} c_n$ は同じものであるので、正の領域だけの和に変えることができて

$$\sum_{n=-\infty}^{\infty} c_n c_{-n} = \sum_{n=1}^{\infty}(c_n c_{-n} + c_{-n} c_n) = \sum_{n=1}^{\infty} 2 c_n c_{-n} \quad (n \neq 0)$$

ここで、実フーリエ係数を代入すると

$$\sum_{n=1}^{\infty} 2c_n c_{-n} = \sum_{n=1}^{\infty} 2\left(\frac{a_n - b_n i}{2}\right)\left(\frac{a_n + b_n i}{2}\right) = \sum_{n=1}^{\infty} \frac{a_n^2 + b_n^2}{2}$$

結局、まとめると

$$\sum_{n=-\infty}^{\infty} |c_n|^2 = \frac{a_0^2}{4} + \sum_{n=1}^{\infty} \frac{a_n^2 + b_n^2}{2}$$

となる。よって

$$\frac{1}{2\pi}\int_{-\pi}^{\pi} |F(x)|^2 dx = \frac{a_0^2}{4} + \sum_{n=1}^{\infty} \frac{a_n^2 + b_n^2}{2}$$

という関係が得られる。これが実フーリエ級数展開におけるパーシバルの等式である。

ここで、パーシバルの等式について、関数の内積という観点から考えてみよう。2章でも紹介したように、2つの関数 $f(x)$ と $g(x)$ の内積は

$$(f,g) = \int_a^b f(x)g(x)dx$$

で定義される。ここで、$f(x)$ 自身の内積は

$$(f,f) = \int_a^b f(x)f(x)dx = \int_a^b \{f(x)\}^2 dx$$

となる。これをフーリエ級数展開にあてはめると、まさにパーシバルの等式の左辺である。つまり、パーシバルの等式は、フーリエ級数展開式の内積を求めていることになる。ここで 2 章で紹介した正規直交関数系を思い出してみよう。

正規直交関数系 $(e_1(x), e_2(x), e_3(x), \cdots, e_n(x), \cdots)$ においては、任意の $F(x)$ が

$$F(x) = a_1 e_1(x) + a_2 e_2(x) + a_3 e_3(x) + \cdots + a_n e_n(x) + \cdots$$

のかたちの級数で表現されるとき、$F(x)$ と正規直交基底との内積をとると

$$\int_a^b F(x) \cdot e_1(x)dx = a_1 \qquad \int_a^b F(x) \cdot e_2(x)dx = a_2$$

$$........$$

$$\int_a^b F(x) \cdot e_n(x)dx = a_n$$

と係数が与えられることを説明した。つぎに、それ自身の内積をとると

$$\int_a^b F(x) \cdot F(x)dx = a_1^2 + a_2^2 + a_3^2 + \cdots + a_n^2 + \cdots$$

となって、ベクトルの場合と同様に、それぞれの基底の係数の 2 乗を足したものとなる。ここで、ふたたびフーリエ級数に戻ってみよう。この場合の正規直交化基底は

$$\left\{ \left(\frac{1}{\sqrt{2\pi}}\right), \left(\frac{1}{\sqrt{\pi}}\cos x\right), \left(\frac{1}{\sqrt{\pi}}\cos 2x\right), \cdots, \left(\frac{1}{\sqrt{\pi}}\cos nx\right), \cdots \right.$$
$$\left. \left(\frac{1}{\sqrt{\pi}}\sin x\right), \left(\frac{1}{\sqrt{\pi}}\sin 2x\right), \cdots, \left(\frac{1}{\sqrt{\pi}}\sin nx\right), \cdots \right\}$$

となる。一般のフーリエ級数展開では、これら基底をつかっていないため、正規直交化基底の係数は

$$a_0' = \sqrt{2\pi}\frac{a_0}{2} \quad a_n' = \sqrt{\pi}a_n \quad b_n' = \sqrt{\pi}b_n$$

という補正が必要となる。すると、正規直交関数系では

$$(F, F) = \int_{-\pi}^{\pi} \{F(x)\}^2 dx$$
$$= (a_0')^2 + (a_1')^2 + (b_1')^2 + (a_2')^2 + (b_2')^2 + \cdots + (a_n')^2 + (b_n')^2 + \cdots$$

であるが、この式に a_0, a_n, b_n を代入すると

$$\int_{-\pi}^{\pi}\{F(x)\}^2 dx = 2\pi \frac{a_0^2}{4} + \pi \sum_{n=1}^{\infty}\left(a_n^2 + b_n^2\right)$$

ここで、右辺の 2π を左辺に移項すると

$$\frac{1}{2\pi}\int_{-\pi}^{\pi}\{F(x)\}^2 dx = \frac{a_0^2}{4} + \sum_{n=1}^{\infty}\frac{a_n^2 + b_n^2}{2}$$

となってパーシバルの等式が得られる。つまり、この等式はフーリエ級数展開式の内積を係数で表現したものである。

第 5 章 フーリエ積分とフーリエ変換

　フーリエ解析 (Fourier analysis) の道具のひとつとして、非常に便利なものにフーリエ変換 (Fourier transform) がある。フーリエ級数展開は、周期のある波（関数）を三角関数あるいは複素指数関数で展開するものであったが、フーリエ変換は周期のない関数（あるいは周期が無限大の関数）にも対応できるようにフーリエ級数展開を拡張した手法である。周期のない関数の方が世の中には圧倒的に多いから、級数展開よりもはるかに汎用性が高いと言える。

　一方、フーリエ変換は、ある関数の変数を別の変数に変換するという側面を有しており、これも理工系の数学において広範囲に利用されている。

　しかし、多くの入門書では、フーリエ変換の定義式が天下り的に与えられているものの、それがどのような経緯でフーリエ級数展開から発展したかの道筋が不明確である。さらに、フーリエ変換を偏微分方程式の解法に応用する段階になると、変換と逆変換という機械的操作の方が強調されるため、フーリエ変換とは、そもそも何であったかを見失ってしまう。

　そこで、本章では、どのようにしてフーリエ級数展開がフーリエ変換（あるいはフーリエ積分）へと発展したかの過程をくわしく紹介する。

5.1. フーリエ級数からフーリエ積分への拡張

　複素フーリエ級数展開式において係数を k の関数とみて $a(k)$ と表記すると、フーリエ級数展開とフーリエ係数は

$$F(x) = \sum_{k=-\infty}^{\infty} a(k) \exp(ikx)$$

第 5 章　フーリエ積分とフーリエ変換

$$a(k) = \frac{1}{2\pi} \int_{-\pi}^{\pi} F(x) \exp(-ikx)\, dx$$

とまとめられる。ここで $a(k)$ は、k を横軸にとると、図 5-1 に示すように飛び飛びの値をとるグラフとして示すことができる。これは、k が整数値しかとれないためである。

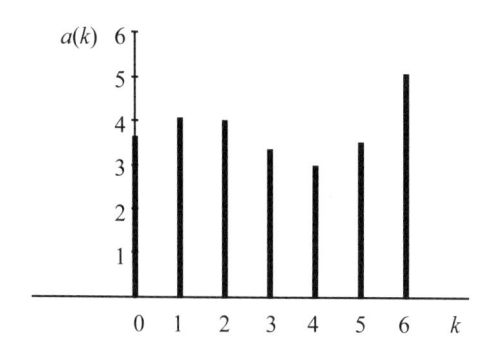

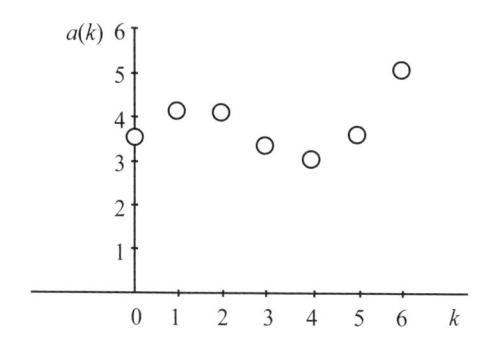

図 5-1　フーリエ級数展開のフーリエ係数を k を横軸にしてプロットすると、図のような棒グラフとなる。これは、対象の関数（波）の中に要素的な波（波数 k の波）がどれくらい含まれているかを示すものである。これをスペクトルと呼んでいる。
　一方、$a(k)$ を k の関数と考えると、下図に示すように飛び飛びの離散的な関数と考えることもできる。

しかし、$a(k)$ を普通の関数とみなすと、k が整数という制約はなく、すべての実数値をとることができる（はずである）。この整数から実数への拡張がフーリエ級数展開がフーリエ積分へ変わるカギを握っている。

　そこで手始めに、整数 k のかわりに、各整数の間を n 等分することを考えよう。この操作は、$F(x)$ の級数展開式

$$F(x) = \cdots + a(-k)\exp(-ikx) + \cdots + a(-2)\exp(-i2x) + a(-1)\exp(-ix)$$
$$+ a(0)\exp(0) + a(1)\exp(ix) + a(2)\exp(i2x) + \cdots + a(k)\exp(ikx) + \cdots$$

の $a(0)$ と $a(1)$ の間を例にとると、新たに次の $(n-1)$ 項がつけ加わることに相当する。

$$\underline{a(0)\exp(0)}, \; a\left(\frac{1}{n}\right)\exp\left(i\frac{1}{n}x\right), \; a\left(\frac{2}{n}\right)\exp\left(i\frac{2}{n}x\right),$$
$$\cdots, \; a\left(\frac{n-1}{n}\right)\exp\left(i\frac{n-1}{n}x\right), \; \underline{a(1)\exp(ix)}$$

ただし、このままのかたちで、すべての項を $F(x)$ の展開式に単純に加えることはできない。

　ではどのような修正が必要か。いま、$F(x)$ は x の関数であるが、k の関数と考えることもできる。（これはあとでフーリエ変換という考えにつながる。）このとき、$F(x)$ の級数展開式は k を横軸にとると、図 5-2 に示すように区間の幅 1 ごとに段階的に変化するグラフの面積とみなすことができる。ちょうど積分の基礎で行う区分求積法で区間の幅を 1 としたものに相当する（補遺 5-1 参照）。よって、$F(x)$ の級数展開式では表には見えないが

$$F(x) = \sum_{k=-\infty}^{\infty} a(k)\exp(ikx) \cdot 1$$

というように、k の区間の幅 (1) をかけたものの和となっている。このとき、一個一個の成分 ($a(k)\exp(ikx)$) は、図 5-2 の区分された長方形の面積である。

　この点に注意して、ふたたび $k = 0$ から $k = 1$ の区間を考えてみよう。この区間を n 等分するということは、区間の幅を $(1/n)$ にすることである。

第5章　フーリエ積分とフーリエ変換

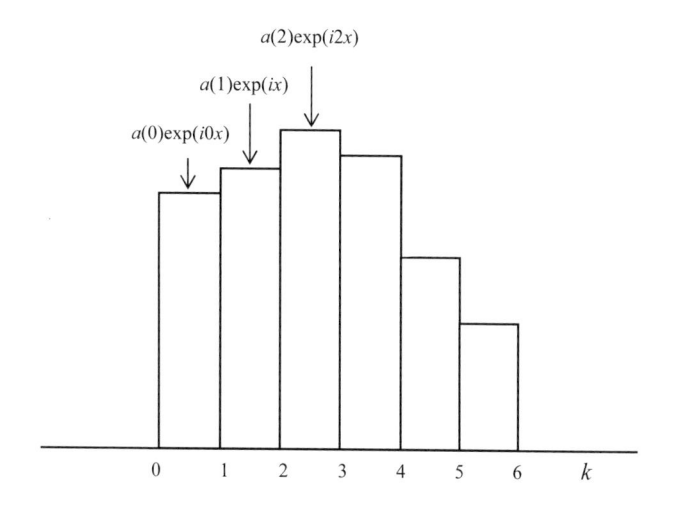

$$F(x) = a(0)\exp(i0x) + a(1)\exp(i1x) + a(2)\exp(i2x) + ... + a(n)\exp(inx) + ...$$

図 5-2　フーリエ級数展開のそれぞれの級数項は、図のように k の幅が 1 の面積に相当する。よって、$F(x)$ を k の関数と考えると、図の幅が 1 のグラフの総面積となる。

つまり図 5-3 のように区分求積法で区間の幅を n 分割したことに相当する。よって、この区間で $F(x)$ は

$$F(x)(0 \leq k \leq 1)$$
$$= \left\{ a(0)\exp(0) + a\left(\frac{1}{n}\right)\exp\left(i\frac{1}{n}x\right) + a\left(\frac{2}{n}\right)\exp\left(i\frac{2}{n}x\right) + \cdots + a(1)\exp(ix) \right\}\left(\frac{1}{n}\right)$$

と修正されることになる。ただし、$k = 0$ の幅を考えない場合は、$a(0)\exp(0)$ の項は不要である。そして、さらに分割数を増やした $n \to \infty$ の極限では、この和は積分となる。よって

$$F(x)(0 \leq k \leq 1)$$
$$= \lim_{n \to \infty} \left\{ a(0)\exp(0) + a\left(\frac{1}{n}\right)\exp\left(i\frac{1}{n}x\right) + a\left(\frac{2}{n}\right)\exp\left(i\frac{2}{n}x\right) + \cdots + a(1)\exp(ix) \right\}\left(\frac{1}{n}\right)$$
$$= \int_0^1 a(k)\exp(ikx)dk$$

$$F(x) = \ldots + a(0)\exp(0) + a(1)\exp(ix) + a(2)\exp(i2x) + \ldots$$

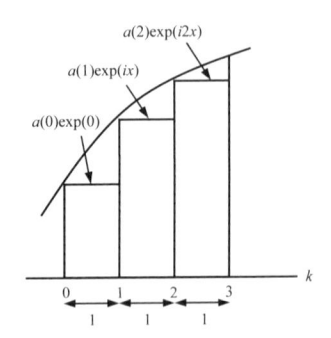

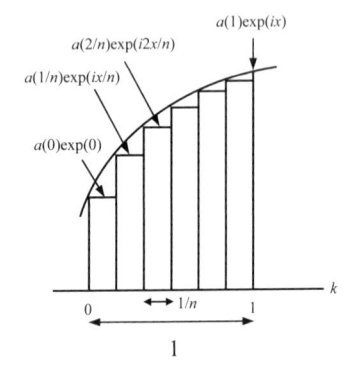

図 5-3 k の区間を n 分割する操作は、$F(x)$ を求める区分求積法において、区間の幅を $1/n$ に小さくしたものに相当する。

のように積分記号で表記できる。これを一般区間で表すと

$$F(x)(k \leq k_n \leq k+1) =$$
$$\lim_{n \to \infty} \left[a(k)\exp(ikx) + a\left(k + \frac{1}{n}\right)\exp\left\{i\left(k + \frac{1}{n}\right)x\right\} + a\left(k + \frac{2}{n}\right)\exp\left\{i\left(k + \frac{2}{n}\right)x\right\} + \cdots \right.$$
$$\left. \cdots + a\left(k + \frac{n-1}{n}\right)\exp\left\{i\left(k + \frac{n-1}{n}\right)x\right\} + a(k+1)\exp\{i(k+1)x\} \right]\left(\frac{1}{n}\right)$$

$$= \int_k^{k+1} a(k)\exp(ikx)dk$$

となって、$F(x)$ は k に関する関数 $a(k)\exp(ixk)$ （意識的に k と x を交換して

第5章 フーリエ積分とフーリエ変換

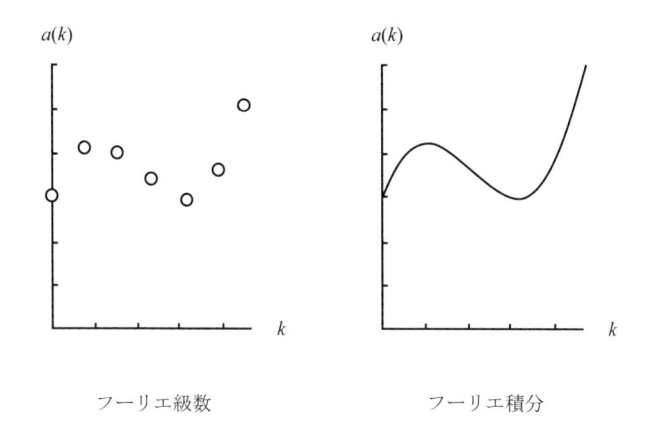

　　　フーリエ級数　　　　　　　　　フーリエ積分

図 5-4　フーリエ級数展開からフーリエ積分への拡張は、図に示したように、フーリエ係数 $a(k)$ を k の関数と見たときに、離散的な分布から連続関数へ変化したものと考えられる。

いる）の積分となるのである。

これを全区間にわたって足したものが $F(x)$ であるから

$$F(x) = \cdots + \int_{-n}^{-n+1} a(k)\exp(ikx)dx + \cdots + \int_{-1}^{0} a(k)\exp(ikx)dk + \int_{0}^{1} a(k)\exp(ikx)dk \\ + \cdots + \int_{n}^{n+1} a(k)\exp(ikx)dk + \cdots$$

のような和となるが、積分範囲をつなげて

$$F(x) = \int_{-\infty}^{\infty} a(k)\exp(ikx)dk$$

という積分のかたちに最終的に、まとめることができる。このような連続関数による級数展開をフーリエ積分 (Fourier integral) と呼んでいる[1]。つま

---

[1] 後で示すように、この $F(x)$ の表式をフーリエ積分と呼ばずに、$a(k)$ の式を具体的に代入したものをフーリエ積分と呼ぶ場合もある。

り、$a(k)$に着目すれば、図5-4に示すように、フーリエ級数展開でkの値がとびとびであったものを、その間隔を無限小にして連続にしたものがフーリエ積分と考えることができる。

5.2. フーリエ積分における周期の考え方

フーリエ積分は、フーリエ級数展開のkの間隔を狭めていった極限と考えられるが、この k の間隔を小さくするという操作が、フーリエ級数展開において、どういう意味を持っているかをつぎに考えてみよう。

まず、kの間隔として半整数 (half integer) を仮定してみよう。これは、フーリエ級数展開の成分として

$$\exp\left(i\frac{1}{2}x\right), \exp\left(i\frac{3}{2}x\right), \exp\left(i\frac{5}{2}x\right), \cdots, \exp\left(i\frac{k}{2}x\right), \cdots$$

という波の存在を認めたことになる。ところで、これら波の周期は、2πではなく 4π である。つまり、より周期の長い 4π の波が級数の仲間入りをしたことになる。

つぎに、間隔をさらに半分に狭めたらどうなるであろうか。すると

$$\exp\left(i\frac{1}{4}x\right), \exp\left(i\frac{3}{4}x\right), \exp\left(i\frac{5}{4}x\right), \cdots, \exp\left(i\frac{k}{4}x\right), \cdots$$

という関数群が新たに級数成分として加わる。これらの周期は 8π である。

このように、kの間隔を狭める操作は、級数展開という立場からは、図5-5に示すように、より周期の長い波の成分が級数に加わることに相当する。そして、この間隔が無限に小さくなった極限では、周期が無限大の波、つまり周期のない波（あるいは関数）にフーリエ級数（もはや級数ではなく積分であるが）が対応できることを示している。

それでは、周期が 2π より短い方はどうか。実は、これらの波に対応した

第5章 フーリエ積分とフーリエ変換

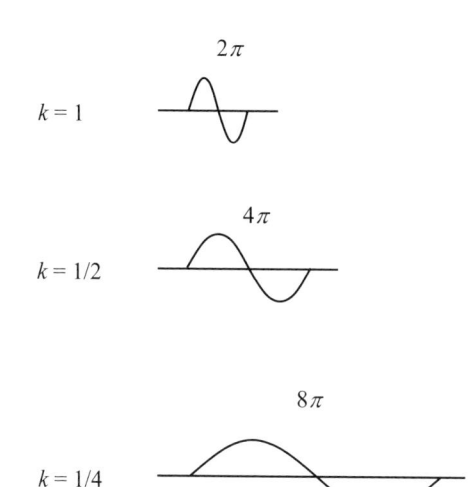

図 5-5 フーリエ級数展開の要素である exp(ikx) において波数 k を 1 以下にするという操作は、図に示すように、より周期の長い波の成分が級数展開に加わることに相当する。

関数群は、もともと級数展開式の中に入っているのである。フーリエ級数展開の成分は

$$\exp(ix), \exp(i2x), \exp(i3x), \cdots, \exp(ikx), \cdots$$

であったが、偶数の成分を取り出すと

$$\exp(i2x), \exp(i4x), \exp(i6x), \cdots, \exp(i2kx), \cdots$$

となる。これは周期が π に対応した成分である。同様に

$$\exp(i3x), \exp(i6x), \exp(i9x), \cdots, \exp(i3kx), \cdots$$

を取り出すと、これは周期が $2\pi/3$ の波に対応する。このように、周期が 2π よりも短い波の成分は、最初からフーリエ級数展開式に含まれているのである。

結局、k の間隔を狭めて、k を離散的な分布から連続的なものに変える操作は、フーリエ級数展開の対象となる関数 $F(x)$ の周期を無限大、つまり $-\infty < x < \infty$ に拡張したものとみなせるのである。

しかも、フーリエ級数では周期が 2π（もちろん $2L$ と一般化できる）と限定され、この区間の変化をくり返す周期関数にしか適用できなかったが、フーリエ積分は周期関数ではない一般の関数にも適用することができる。これが大きな利点である。

5.3. フーリエ積分におけるフーリエ係数

フーリエ級数展開をフーリエ積分に拡張すると、$a(k)$ を単なる係数とみなすことはもはやできないが、フーリエ積分を実行するためには、この係数に対応した関数 $a(k)$ を何らかの方法で求める必要がある。

ここで、フーリエ級数展開において、係数を求めるために使った複素指数関数の性質を思い出してみよう。それは、k を 0 以外の整数 (integer) とすると、つねに

$$\int_{-\pi}^{\pi} \exp(ikx)dx = 0$$

のように $-\pi$ から π まで積分すると、その値が 0 になるという性質であった。この積分を利用すると、$a(k)$ の係数のみを選択的に取り出すことができる。

しかし、この手法をそのまま半整数の場合に適用すると

$$\int_{-\pi}^{\pi} \exp\left(i\frac{k}{2}x\right)dx = \frac{2}{ki}\left[\exp\left(i\frac{k}{2}x\right)\right]_{-\pi}^{\pi} = \frac{2}{ki}\left(\exp\left(i\frac{k\pi}{2}\right) - \exp\left(-i\frac{k\pi}{2}\right)\right) = \frac{4}{k}\sin\left(\frac{k}{2}\pi\right)$$

となって k が奇数の場合は 0 とはならない。これは、周回積分ではなく、積分路が半周となるためである。よって、級数展開で係数を取り出すために必要であった「積分すると 0 になるという性質」を利用できなくなるのである。この問題を解決するのは簡単で

$$\int_{-2\pi}^{2\pi} \exp\left(i\frac{k}{2}x\right)dx = 0$$

のように、積分範囲を 2 倍にすればよい。こうすれば、周回積分となるので、積分値が 0 という条件が得られる。

同様にして、k の間隔を n 分割した場合には

$$\int_{-n\pi}^{n\pi} \exp\left(i\frac{k}{n}x\right)dx = 0$$

のように、積分範囲を n 倍すれば、すべて積分値が 0 となる。この考えを延長して、分割数が無限大の場合にも、この便利な性質を利用するには

$$\lim_{n\to\infty}\int_{-n\pi}^{n\pi} \exp\left(i\frac{k}{n}x\right)dx = \int_{-\infty}^{+\infty} \exp(i\Delta k x)dx = 0$$

のように無限大の積分範囲を選べばよい。こうすれば、Δk がどんなに小さくても (もちろん、大きくても)、周回積分になり、積分値が 0 となることが保証される。よって、任意の k に対して、k が 0 でなければ

$$\int_{-\infty}^{+\infty} \exp(ikx)dx = 0$$

となることを示している。この積分値が 0 とならないのは、$k = 0$ のときだけである。つまり、$a(k)$ を取り出すための操作は、フーリエ級数展開では

$$a(k) = \frac{1}{2\pi}\int_{-\pi}^{\pi} F(x)\exp(-ikx)dx$$

であったが、フーリエ積分では

$$\int_{-\infty}^{\infty} F(x)\exp(-ikx)dx$$

を計算すれば、唯一 $a(k)$ だけが取りだせる。これを実際に行ってみよう。ここで、分かりやすいように区間の幅が $1/n$ の $F(x)$ で表示して

$$F(x) = \left\{ \cdots + a(0)\exp(0) + a\left(\frac{1}{n}\right)\exp\left(i\frac{1}{n}x\right) + a\left(\frac{2}{n}\right)\exp\left(i\frac{2}{n}x\right) + \cdots + a(1)\exp(ix) + \cdots \right\}\left(\frac{1}{n}\right)$$

として、$\exp(-ikx/n)$ をかけて $-n\pi$ から $n\pi$ までの積分をとると、ほとんどの積分は 0 となるが、唯一 $a(k/n)$ の項だけが残り

$$\int_{-n\pi}^{n\pi} F(x)\exp\left(-i\frac{k}{n}x\right)dx = \int_{-n\pi}^{n\pi} a\left(\frac{k}{n}\right)\exp\left(i\frac{k}{n}x\right)\exp\left(-i\frac{k}{n}x\right)\frac{1}{n}dx$$
$$= \int_{-n\pi}^{n\pi} a\left(\frac{k}{n}\right)\frac{1}{n}dx = a\left(\frac{k}{n}\right)\frac{1}{n}[x]_{-n\pi}^{n\pi} = a\left(\frac{k}{n}\right)\frac{2n\pi}{n} = 2\pi a\left(\frac{k}{n}\right)$$

という結果になる。ここで、$n \to \infty$ の極限をとれば、積分範囲は無限区間となり、k は連続となるので

$$\int_{-\infty}^{\infty} F(x)\exp(-ikx)dx = 2\pi a(k)$$

と計算できる。結局、$a(k)$ を取り出す操作は

$$a(k) = \frac{1}{2\pi}\int_{-\infty}^{\infty} F(x)\exp(-ikx)dx$$

のように、積分範囲を $-\infty$ から ∞ とすればよいことになる。つまり、フーリエ積分においては

$$F(x) = \int_{-\infty}^{\infty} a(k)\exp(ikx)dk \qquad a(k) = \frac{1}{2\pi}\int_{-\infty}^{\infty} F(x)\exp(-ikx)dx$$

という組み合わせで、フーリエ級数展開とフーリエ係数に相当するものを求めることができる。この式からも分かるように、2π という値は周回積分したとき係数に必ずつく値である。

5.4. フーリエ変換

フーリエ解析においては $a(k)$ の変換式をフーリエ変換 (Fourier transform) とも呼ぶ。これをなぜ変換と呼ぶかというと、x の関数である $F(x)$ が、k の関数である $a(k)$ に変数変換されるからである。もちろん、$F(x)$ をでたらめに変換したのでは意味がないが、この変換のルールに従えば、$F(x)$ と $a(k)$ は必ず1対1に対応する。

また、最初の式は $F(x)$ の展開式の積分版（フーリエ積分）という見方もあるが、変数変換という立場からは、$a(k)$ という関数を、もとの x に関する関数 $F(x)$ に戻す操作であることから、逆フーリエ変換 (inverse Fourier transform) と呼んでいる。

ここで、フーリエ変換と逆変換の2つの式は、ひとつの式にまとめることもできる。混乱をさけるためにフーリエ変換式の変数 x を t に変えると

$$a(k) = \frac{1}{2\pi}\int_{-\infty}^{\infty} F(t)\exp(-ikt)dt$$

となるが、これを、あらためてフーリエ逆変換の式に代入すると

$$F(x) = \int_{-\infty}^{\infty} a(k)\exp(ikx)dk = \int_{-\infty}^{\infty}\left\{\frac{1}{2\pi}\int_{-\infty}^{\infty} F(t)\exp(-ikt)dt\right\}\exp(ikx)dk$$

となる。この式を変形すると

$$F(x) = \frac{1}{2\pi}\int_{-\infty}^{\infty}\int_{-\infty}^{\infty} F(t)\exp(-ikt)\exp(ikx)dtdk = \frac{1}{2\pi}\int_{-\infty}^{\infty}\int_{-\infty}^{\infty} F(t)\exp\bigl(ik(x-t)\bigr)dtdk$$

とまとめられる。この式をフーリエ積分と呼ぶ場合もある。

ここで、実際にフーリエ変換を実行するまえに、周期関数に対応したフーリエ級数展開を復習したうえで、この周期関数の周期が失われたときに、そのフーリエ変換がどのようになるかを見てみよう。

例として

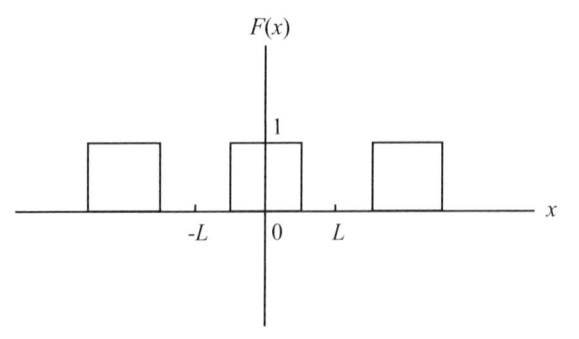

図 5-6 パルス信号の周期関数。

$$\begin{cases} F(x) = 1 & \left(|x| \leq \dfrac{L}{2}\right) \\ F(x) = 0 & \left(\dfrac{L}{2} < |x| < L\right) \end{cases} \quad 周期が \ 2L \ (-L \leq x \leq L)$$

の周期関数 (図 5-6) を、まずフーリエ級数展開してみる。(これは、方形波の周期的なパルス信号に相当する。)

最初のフーリエ係数は

$$a(0) = \frac{1}{2L}\int_{-L}^{+L} F(x)dx = \frac{1}{2L}\int_{-L/2}^{+L/2} 1\,dx = \frac{1}{2L}[x]_{-L/2}^{+L/2} = \frac{1}{2}$$

となり、一般式は

$$a(k) = \frac{1}{2L}\int_{-L}^{+L} F(x)\exp\left(-i\frac{k\pi}{L}x\right)dx = \frac{1}{2L}\int_{-L/2}^{+L/2} 1\cdot\exp\left(-i\frac{k\pi}{L}x\right)dx$$

$$= -\frac{L}{2ik\pi L}\left[\exp\left(-i\frac{k\pi}{L}x\right)\right]_{-L/2}^{+L/2} = \frac{1}{2ik\pi}\left(\exp\left(i\frac{k\pi}{2}\right) - \exp\left(-i\frac{k\pi}{2}\right)\right)$$

ここで、オイラーの公式

$$\sin\theta = \frac{e^{i\theta} - e^{-i\theta}}{2i}$$

第5章　フーリエ積分とフーリエ変換

を使うと

$$a(k) = \frac{1}{2ik\pi}\left(\exp\left(i\frac{k\pi}{2}\right) - \exp\left(-i\frac{k\pi}{2}\right)\right) = \frac{1}{k\pi}\sin\left(\frac{k\pi}{2}\right)$$

となる。よって、フーリエ級数展開式は

$$F(x) = a(0) + \sum_{k=-\infty}^{\infty} a(k)\exp\left(i\frac{k\pi}{L}x\right) = \frac{1}{2} + \sum_{k=-\infty}^{\infty} \frac{1}{k\pi}\sin\left(\frac{k\pi}{2}\right)\exp\left(i\frac{k\pi}{L}x\right)$$

ここで、和の中には $\pm k$ が対であらわれるので

$$\sum_{k=-\infty}^{\infty} \frac{1}{k\pi}\sin\left(\frac{k\pi}{2}\right)\exp\left(i\frac{k\pi}{L}x\right)$$
$$= \sum_{k=1}^{\infty}\left\{\frac{1}{k\pi}\sin\left(\frac{k\pi}{2}\right)\exp\left(i\frac{k\pi}{L}x\right) - \frac{1}{k\pi}\sin\left(-\frac{k\pi}{2}\right)\exp\left(-i\frac{k\pi}{L}x\right)\right\}$$
$$= \sum_{k=1}^{\infty}\left(\frac{1}{k\pi}\sin\left(\frac{k\pi}{2}\right)\left\{\exp\left(i\frac{k\pi}{L}x\right) + \exp\left(-i\frac{k\pi}{L}x\right)\right\}\right) = \sum_{k=1}^{\infty}\left\{\frac{2}{k\pi}\sin\left(\frac{k\pi}{2}\right)\cos\left(\frac{k\pi}{L}x\right)\right\}$$

のように、k の範囲が正の和に変形できる。さらに、この式は k が偶数のとき0であるので $k=2n-1$ と置きかえると

$$\sum_{k=1}^{\infty}\left\{\frac{2}{k\pi}\sin\left(\frac{k\pi}{2}\right)\cos\left(\frac{k\pi}{L}x\right)\right\} = \sum_{n=1}^{\infty}\left\{\frac{2}{(2n-1)\pi}\sin\left(\frac{(2n-1)\pi}{2}\right)\cos\left(\frac{(2n-1)\pi}{L}x\right)\right\}$$

と書ける。さらに

$$\sin\left(\frac{2n-1}{2}\pi\right) = (-1)^{n+1}$$

とおけるから、結局フーリエ級数展開は

$$F(x) = \frac{1}{2} + \sum_{k=-\infty}^{\infty} \frac{2}{k\pi}\sin\left(\frac{k\pi}{2}\right)\exp\left(i\frac{k\pi}{L}x\right) = \frac{1}{2} + \sum_{n=1}^{\infty} \frac{2(-1)^{n+1}}{(2n-1)\pi}\cos\left(\frac{(2n-1)\pi}{L}x\right)$$

となる。成分を書くと

$$F(x) = \frac{1}{2} + \frac{2}{\pi}\cos\left(\frac{\pi}{L}x\right) - \frac{2}{3\pi}\cos\left(\frac{3\pi}{L}x\right) + \frac{2}{5\pi}\cos\left(\frac{5\pi}{L}x\right) - \frac{2}{7\pi}\cos\left(\frac{7\pi}{L}x\right) + \cdots$$

がフーリエ級数展開式となる。

　電気工学などにおいては、パルス信号を、ある一定間隔で入力する場合がよくある。よって、このようなパルス信号を連続的なフーリエ級数に展開できれば利用価値が高いのである。

　ところで、同じパルス信号でも、図5-7のように、周期的ではない単一パルス信号（単インパルス）の場合はどうなるであろうか。周期のない信号は、別の見方をすると、周期が無限大の関数とみなすことができる。この場合フーリエ級数展開を使うことはできず、フーリエ変換が必要となる。いま対象とするのは

$$\begin{cases} F(x) = 1 & (-L \leq x \leq L) \\ F(x) = 0 & (L < |x|) \end{cases}$$

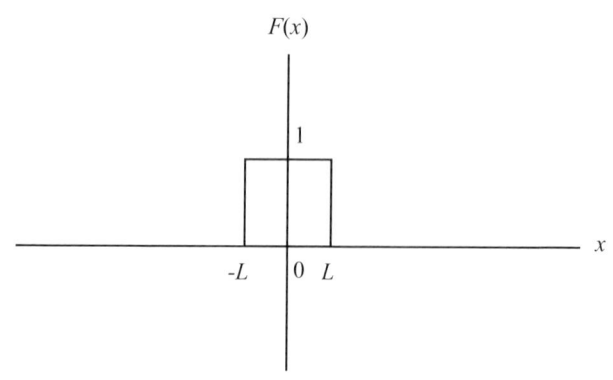

図 5-7　単一パルス信号に対応した関数。別な視点では、この関数の周期は無限大と考えられる。

第5章　フーリエ積分とフーリエ変換

の関数となる。すると、フーリエ変換は

$$a(k) = \frac{1}{2\pi} \int_{-\infty}^{+\infty} F(x) \exp(-ikx) dx$$

$$= \frac{1}{2\pi} \left\{ \int_{-\infty}^{-L} 0 \cdot \exp(-ikx) dx + \int_{-L}^{+L} 1 \cdot \exp(-ikx) dx + \int_{+L}^{+\infty} 0 \cdot \exp(-ikx) dx \right\}$$

$$= -\frac{1}{i2\pi k} \left[\exp(-ikx) \right]_{-L}^{+L} = \frac{1}{i2\pi k} \left(\exp(ikL) - \exp(-ikL) \right)$$

となるが、オイラーの公式

$$\sin\theta = \frac{e^{i\theta} - e^{-i\theta}}{2i}$$

を使うと

$$a(k) = \frac{1}{i2\pi k} \left\{ \exp(ikL) - \exp(-ikL) \right\} = \frac{\sin kL}{\pi k}$$

となる。

　単一パルスに対応した関数 $F(x)$ のフーリエ変換 $a(k)$ を図示すると、図5-8のように中心部に大きなピークを持った振動に変換されることになる。

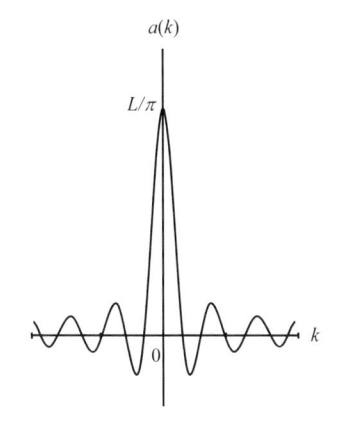

図 5-8　図5-7の単一パルス信号に対応したフーリエ変換。

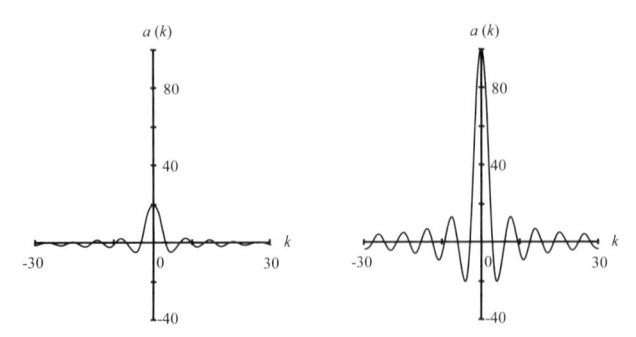

図 5-9 パルス幅を大きくした場合のフーリエ変換した関数の変化。図のように $k=0$ のピークが大きくなっていく。この極限では、$k=0$ のピークが無限大となる。

ここで、得られたフーリエ変換について少し考えてみよう。いま、パルスを 1 回だけ放った時のフーリエ変換を求めたが、このパルス幅をどんどん大きくしていったらどうであろうか。すると、図 5-9 に示すように、次第に中心部の高さが大きくなっていく。そして、パルス幅を無限大にした極限では、$y=1$ のグラフに近づくとともに、$k=0$ での値が無限大になる（図 5-10 参照）。これは波という視点からみると、何も振動しない波であるから、すべての波が波数 $k=0$ の成分しか持たないことになる。このため、スペクトル分解すると $k=0$ にすべての波が集中することになり、その値が無限大となるのである。これは、$f(x)=1$ のフーリエ変換がデルタ関数 (delta function: $\delta(k)$) になることを示している（補遺 5-2 参照）。

演習 5-1 関数 $F(x)=1 \ (-L \leq x \leq L)$；$F(x)=0 \ (|x|>L)$ のフーリエ変換を利用して、つぎの積分の値を求めよ。

$$\int_{-\infty}^{\infty} \frac{\sin k}{k} dk$$

解) この関数のフーリエ変換は

第5章　フーリエ積分とフーリエ変換

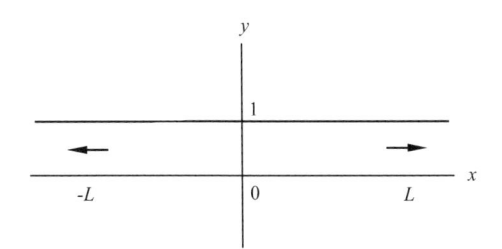

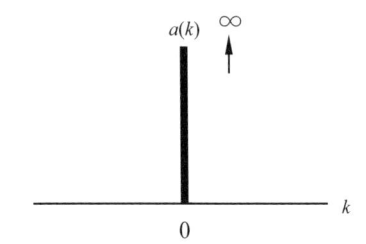

図 5-10　パルス幅を無限大とすると、$y=1$ の関数となるが、これは、何も振動しない波、すなわち、波数が 0 の波に対応する。よって、スペクトルは、$k=0$ で無限大となる。

$$a(k) = \frac{\sin kL}{\pi k}$$

であった。ここで $L=1$ として、逆フーリエ変換をとると

$$F(x) = \int_{-\infty}^{\infty} a(k) e^{ikx} dk = \int_{-\infty}^{\infty} \frac{\sin k}{k\pi} e^{ikx} dk$$

となる。ここで、$x=0$ と置くと

$$\int_{-\infty}^{\infty} \frac{\sin k}{k\pi} dk = \frac{1}{\pi} \int_{-\infty}^{\infty} \frac{\sin k}{k} dk = F(0) = 1$$

となるので、π を移項すると

$$\int_{-\infty}^{\infty} \frac{\sin k}{k} dk = \pi$$

という値が得られる。

このように、フーリエ変換を利用すると、変換、逆変換の操作をうまく利用することで、通常の方法では解くことのできない積分や微分方程式を簡単に求められる場合がある。フーリエ変換の応用については、次章で紹介する。

> **演習 5-2** $F(x) = e^{-bx}$ $(x \geq 0, b > 0)$; $F(x) = 0$ $(x < 0)$ のフーリエ変換を求めよ。

解) フーリエ変換は

$$a(k) = \frac{1}{2\pi} \int_{-\infty}^{\infty} F(x) \exp(-ikx) dx$$

であるので

$$a(k) = \frac{1}{2\pi} \int_{-\infty}^{0} 0 \cdot \exp(-ikx) dx + \frac{1}{2\pi} \int_{0}^{\infty} \exp(-bx) \cdot \exp(-ikx) dx$$

となる。最初の積分は 0 であるから

$$a(k) = \frac{1}{2\pi} \int_{0}^{\infty} \exp(-(b+ik)x) dx = \frac{1}{2\pi} \left[\frac{\exp(-(b+ik)x)}{-(b+ik)} \right]_{0}^{\infty}$$
$$= \frac{1}{2\pi} \left(0 - \frac{1}{-(b+ik)} \right) = \frac{1}{2\pi(b+ik)}$$

で与えられる。

第 5 章　フーリエ積分とフーリエ変換

> **演習 5-3**　$F(x) = e^{-b|x|}$　のフーリエ変換を求めよ。

解）　フーリエ変換は

$$a(k) = \frac{1}{2\pi} \int_{-\infty}^{\infty} F(x) \exp(-ikx) dx$$

であるので

$$a(k) = \frac{1}{2\pi} \int_{-\infty}^{0} \exp(bx) \cdot \exp(-ikx) dx + \frac{1}{2\pi} \int_{0}^{\infty} \exp(-bx) \cdot \exp(-ikx) dx$$

となる。ここで最初の積分の x を $-x$ に変えると

$$a(k) = \frac{1}{2\pi} \int_{-\infty}^{0} \exp(-bx) \cdot \exp(ikx)(-dx) + \frac{1}{2\pi} \int_{0}^{\infty} \exp(-bx) \cdot \exp(-ikx) dx$$

$$= \frac{1}{2\pi} \int_{0}^{\infty} \exp(-bx) \{\exp(ikx) + \exp(-ikx)\} dx$$

と変形できる。ここでオイラーの公式をつかうと

$$a(k) = \frac{1}{\pi} \int_{0}^{\infty} \exp(-bx) \cos kx \, dx$$

となる。ここで部分積分を行うと

$$a(k) = \frac{1}{\pi} \int_{0}^{\infty} \exp(-bx) \cos kx \, dx$$

$$= \frac{1}{\pi} \left[\exp(-bx) \frac{\sin kx}{k} \right]_{0}^{\infty} - \frac{1}{\pi} \int_{0}^{\infty} (-b) \exp(-bx) \frac{\sin kx}{k} dx$$

$$= \frac{b}{k\pi} \int_{0}^{\infty} \exp(-bx) \sin kx \, dx$$

ふたたび部分積分を行うと

177

$$a(k) = \frac{b}{k\pi} \int_0^\infty \exp(-bx)\sin kx\, dx$$
$$= \frac{b}{k\pi}\left[\exp(-bx)\left(-\frac{\cos kx}{k}\right)\right]_0^\infty - \frac{b}{k\pi}\int_0^\infty (-b)\exp(-bx)\left(-\frac{\cos kx}{k}\right)dx$$
$$= \frac{b}{k^2\pi} - \frac{b^2}{k^2}\int_0^\infty \exp(-bx)\cos kx\, dx = \frac{b}{k^2\pi} - \frac{b^2}{k^2}a(k)$$

よって

$$\left(1+\frac{b^2}{k^2}\right)a(k) = \frac{b}{k^2\pi} \qquad a(k) = \frac{b}{k^2\pi}\frac{k^2}{b^2+k^2} = \frac{1}{\pi}\frac{b}{b^2+k^2}$$

となる。

演習 5-4 $F(x) = \dfrac{1}{x^2+b^2}$ $(b>0)$ のフーリエ変換を求めよ。

解) フーリエ変換は

$$a(k) = \frac{1}{2\pi}\int_{-\infty}^\infty F(x)\exp(-ikx)dx$$

であるので

$$a(k) = \frac{1}{2\pi}\int_{-\infty}^\infty \frac{1}{x^2+b^2}\exp(-ikx)dx$$

となる。実は、この積分の値は複素積分（補遺 5-3）を利用することで解くことができる。ここで、z を複素数として、次の複素関数を考える。

$$f(z) = \frac{\exp(-ikz)}{z^2+b^2}$$

第5章　フーリエ積分とフーリエ変換

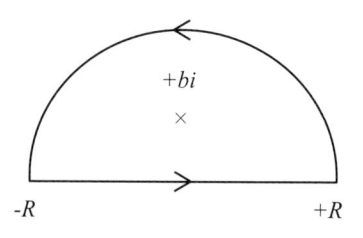

図 5-11　複素積分の積分路。

この関数を、図5-11に示した閉曲線の積分路 $(R > b)$ で積分をしてみよう。この関数は

$$f(z) = \frac{\exp(-ikz)}{z^2 + b^2} = \frac{\exp(-ikz)}{(z+bi)(z-bi)}$$

と変形できるから、特異点は $z = \pm bi$ であるが、図の積分路の中に含まれる特異点は $x = bi$ であるので、留数 a_{-1} は

$$a_{-1} = \lim_{z \to bi}(z-bi)f(z) = \lim_{z \to bi}(z-bi)\frac{\exp(-ikz)}{(z-bi)(z+bi)} = \frac{\exp(kb)}{2bi}$$

で与えられる。よって、留数定理から図の積分路に沿った積分の値は

$$\oint \frac{\exp(-ikz)}{z^2 + b^2}dz = 2\pi i a_{-1} = 2\pi i \frac{\exp(kb)}{2bi} = \frac{\pi \exp(kb)}{b}$$

ここで、円弧に沿った積分路を C と書くと

$$\oint \frac{\exp(-ikz)}{z^2 + b^2}dz = \int_{-R}^{R}\frac{\exp(-ikx)}{x^2 + b^2}dx + \int_{C}\frac{\exp(-ikz)}{z^2 + b^2}dz$$

ここで、円弧 C 上での点は $z = R\exp(i\theta)$ とおける。よって

$$dz = Ri\exp(i\theta)d\theta$$

であるので

$$\int_C \frac{\exp(-ikz)}{z^2+b^2}dz = \int_{-\pi}^{\pi} \frac{\exp(-ikRe^{i\theta})}{R^2\exp(i2\theta)+b^2} Ri\exp(i\theta)d\theta$$

と変形できるが、虚数を指数とするすべての指数関数の絶対値は 1 以下である。

この点に注意して、この積分の値を考える。

$$\int_{-\pi}^{\pi} \frac{\exp(-ikRe^{i\theta})}{R^2\exp(i2\theta)+b^2} Ri\exp(i\theta)d\theta \leq \int_{-\pi}^{\pi}\left|\frac{\exp(-ikRe^{i\theta})}{R^2\exp(i2\theta)+b^2} Ri\exp(i\theta)\right|d\theta$$

$$\leq \int_{-\pi}^{\pi}\left|\frac{R}{R^2\exp(i2\theta)+b^2}\right|d\theta = \int_{-\pi}^{\pi}\left|\frac{1}{R\exp(i2\theta)+\dfrac{b^2}{R}}\right|d\theta$$

よって $R \to \infty$ の極限では、この積分値は 0 となる。したがって

$$\lim_{R\to\infty}\oint \frac{\exp(-ikz)}{z^2+b^2}dz = \int_{-R}^{R}\frac{\exp(-ikx)}{x^2+b^2}dx + \int_C \frac{\exp(-ikz)}{z^2+b^2}dz = \int_{-\infty}^{\infty}\frac{\exp(-ikx)}{x^2+b^2}dx$$

となるので

$$a(k) = \frac{1}{2\pi}\int_{-\infty}^{\infty}\frac{1}{x^2+b^2}\exp(-ikx)dx = \frac{1}{2\pi}\frac{\pi}{b}\exp(kb) = \frac{\exp(kb)}{2b}$$

と求められる。

以上のように、いろいろな関数をフーリエ変換することが可能であるが、実は、フーリエ変換の対象となる関数には制約がある。試しに、$F(x) = x$ のフーリエ変換を計算してみよう。

フーリエ変換の定義式は

$$a(k) = \frac{1}{2\pi}\int_{-\infty}^{\infty} F(x)\exp(-ikx)dx$$

第 5 章　フーリエ積分とフーリエ変換

であるので

$$a(k) = \frac{1}{2\pi}\int_{-\infty}^{\infty} x\exp(-ikx)dx$$

となる。部分積分を使うと

$$a(k) = \frac{1}{2\pi}\int_{-\infty}^{\infty} x\exp(-ikx)dx = \frac{1}{2\pi}\left[x\frac{\exp(-ikx)}{(-ik)}\right]_{-\infty}^{\infty} + \frac{1}{2\pi ik}\int_{-\infty}^{\infty}\exp(-ikx)dx$$

と変形できる。ここで、第 2 項の積分

$$\int_{-\infty}^{\infty}\exp(-ikx)dx$$

は $k = 0$ のときに 2π となり、他の k の値ではすべて 0 となるが、係数の分母に k があるので、発散してしまう。また、第 1 項は

$$\frac{1}{2\pi}\left[x\frac{\exp(-ikx)}{(-ik)}\right]_{-\infty}^{\infty} = \lim_{t\to\infty}\frac{1}{2\pi}\left[x\frac{\exp(-ikx)}{(-ik)}\right]_{-t}^{t}$$

となるが、これを変形すると

$$\frac{1}{2\pi}\left[x\frac{\exp(-ikx)}{(-ik)}\right]_{-t}^{t} = \frac{1}{2\pi}\left\{t\frac{\exp(-ikt)}{(-ik)} - (-t)\frac{\exp(ikt)}{(-ik)}\right\}$$

$$= -\frac{t}{i\pi k}\frac{\exp(ikt)+\exp(-ikt)}{2} = -\frac{t\cos kt}{i\pi k}$$

となる。よって $t \to \infty$ では、この値も無限大となってしまう。つまり、フーリエ変換する際の積分範囲が$-\infty$から∞であるので、$f(x)$ が $x \to \pm\infty$ で $f(x) \to 0$ とならない関数では積分値が発散してしまうのである。よって、n 次関数 ($f(x) = x^n$) や $f(x) = e^x$ などの単調増加関数はフーリエ変換の対象とはならない。

　つまり、フーリエ変換の対象となる関数 $f(x)$ の条件として

$$\int_{-\infty}^{\infty}|f(x)|dx<\infty$$

が要求される。この条件を絶対積分が可能(絶対可積分: absolutely integrable) と呼んでいる[2]。

5.5. 変数変換としてのフーリエ変換

フーリエ逆変換とフーリエ変換の式は

$$F(x)=\int_{-\infty}^{\infty}a(k)\exp(ikx)dk \qquad a(k)=\frac{1}{2\pi}\int_{-\infty}^{\infty}F(x)\exp(-ikx)dx$$

となっている。これら式の組み合わせをフーリエ変換対 (Fourier transform pairs) と呼ぶ。ここで $F(x)$ の表式は、フーリエ級数展開において k の間隔を無限小にして積分のかたちにしたものであり、フーリエ積分と呼ばれる。$a(k)$ の式は、フーリエ級数展開における係数を求める式を、積分のかたちで表現したものである。

つまり、級数展開という基本に立てば、$F(x)$ の方が主役であるのに、なぜ係数を求める方の式をフーリエ変換と呼び、主役のはずの $F(x)$ を表す式を逆変換と呼ぶのか。その理由は変数変換の考えに基づいている。

$a(k)$ の式は x の関数である $F(x)$ を、別の変数 k の関数 $a(k)$ に変換するものである。よって、この式をフーリエ変換と呼ぶのである。一方、$F(x)$ のフーリエ積分は、変数変換という観点からは x から k の関数に変換したものを、また、もとの x の関数に戻す操作となっている。よって、この式を逆変換と呼ぶのである。

つぎに、フーリエ変換の表現の仕方が教科書によって違っており、混乱

---

[2] ただし、絶対可積分という条件は、厳密に言うと、十分条件ではあるが必要条件ではない。例えば、$f(x) = 1$ という関数は絶対可積分ではないが、後で紹介するように、デルタ関数($\delta(x)$)を導入するとフーリエ変換が可能になる。さらに、$\delta(x)$ の微分を考えると、補遺5-2に示すように $f(x) = x$ も形式的にはフーリエ変換が可能となる。

を与えているので、それについて少し整理してみよう。
　いま、$F(x) = 2\pi f(x)$ という関数を、これら2つの式に代入してみよう。すると

$$f(x) = \frac{F(x)}{2\pi} = \frac{1}{2\pi}\int_{-\infty}^{\infty} a(k)\exp(ikx)dk$$

$$a(k) = \frac{1}{2\pi}\int_{-\infty}^{\infty} F(x)\exp(-ikx)dx$$

$$= \frac{1}{2\pi}\int_{-\infty}^{\infty} 2\pi f(x)\exp(-ikx)dx = \int_{-\infty}^{\infty} f(x)\exp(-ikx)dx$$

となって、整理すると

$$f(x) = \frac{1}{2\pi}\int_{-\infty}^{\infty} a(k)\exp(ikx)dk \qquad a(k) = \int_{-\infty}^{\infty} f(x)\exp(-ikx)dx$$

のように、フーリエ変換式についていた $1/2\pi$ という係数をフーリエ逆変換の方に移すことができる。実際に、このかたちを採用している教科書も多い。また、これら式を逆転させて

$$a(k) = \int_{-\infty}^{\infty} f(x)\exp(-ikx)dx \qquad f(x) = \frac{1}{2\pi}\int_{-\infty}^{\infty} a(k)\exp(ikx)dk$$

と、フーリエ変換の式を先にもってくる場合も多い。なぜなら、変数変換という立場に立てば、変換式の方に係数がついていない方がすっきりするからである。ただし混同をさけるため、本書では

$$a(\omega) = \int_{-\infty}^{\infty} f(x)\exp(-i\omega x)dx \qquad f(x) = \frac{1}{2\pi}\int_{-\infty}^{\infty} a(\omega)\exp(i\omega x)d\omega$$

のように k ではなく ω で表記する。あるいは、最初の式において

$$F(x) = \sqrt{2\pi}\, g(x)$$

という関数を代入すると

$$g(x) = \frac{1}{\sqrt{2\pi}} \int_{-\infty}^{\infty} a(k) \exp(ikx) dk \qquad a(k) = \frac{1}{\sqrt{2\pi}} \int_{-\infty}^{\infty} g(x) \exp(-ikx) dx$$

のように、両方の式の係数をそろえることもできる。実際に、このかたちを採用している教科書もある。これは、フーリエ変換とフーリエ逆変換を平等に扱った結果という考えもできる。

　いずれ、$1/2\pi$ という因子は、このように適当に分配することができ、フーリエ変換とフーリエ逆変換という組み合わせ、つまりフーリエ変換対では、すべて矛盾なく取り扱うことができるのである。ほとんどの教科書では、このような説明がないまま、いろいろな表記方法が錯綜としているため、特に初学者には大きな混乱を与えている。

　また、フーリエ変換の公式集があるが、この場合の変換前の関数と変換後の関数のかたちは、係数をどう選ぶかによって当然変わる。このため、公式には、必ずどのような変換対を使っているかが明記されている。例を示すとフーリエ変換対として

$$f(x) = \int_{-\infty}^{\infty} a(k) \exp(ikx) dk \qquad a(k) = \frac{1}{2\pi} \int_{-\infty}^{\infty} F(x) \exp(-ikx) dx$$

を採用すると、フーリエ変換の対応表は以下のようになる。

$f(x)$	$a(k)$
$\begin{cases} f(x) = 1 \ (-L \leq x \leq L) \\ f(x) = 0 \ (x > \lvert L \rvert) \end{cases}$	$a(k) = \dfrac{\sin kL}{\pi k}$
$f(x) = e^{-b\lvert x \rvert}$	$a(k) = \dfrac{1}{\pi} \dfrac{b}{b^2 + k^2}$
$f(x) = \dfrac{1}{x^2 + b^2} \quad (b > 0)$	$a(k) = \dfrac{\exp(-kb)}{2b}$

$$f(x) = \exp(-ax^2) \qquad\qquad a(k) = \sqrt{\frac{1}{4\pi a}}\exp\left(-\frac{k^2}{4a}\right)$$

一方、フーリエ変換対として

$$f(x) = \frac{1}{2\pi}\int_{-\infty}^{\infty}\alpha(\omega)\exp(i\omega x)d\omega \qquad \alpha(\omega) = \int_{-\infty}^{\infty}f(x)\exp(-i\omega x)dx$$

を選択すると

$f(x)$	$\alpha(\omega)$
$\begin{cases} f(x) = 1 & (-L \leq x \leq L) \\ f(x) = 0 & (x > |L|) \end{cases}$	$\alpha(\omega) = \dfrac{2\sin\omega L}{\omega}$
$f(x) = e^{-b|x|}$	$\alpha(\omega) = \dfrac{2b}{b^2 + \omega^2}$
$f(x) = \dfrac{1}{x^2 + b^2} \quad (b > 0)$	$\alpha(\omega) = \dfrac{\pi\exp(-\omega b)}{b}$
$f(x) = \exp(-ax^2)$	$\alpha(\omega) = \sqrt{\dfrac{\pi}{a}}\exp\left(-\dfrac{\omega^2}{4a}\right)$

　最後に、フーリエ変換とフーリエ逆変換とを区別して呼んでいるが、実は、これらは同じものと考えることもできる。たとえば、x を中心に考えれ

ば、変数 k への変換をフーリエ変換と呼んでいるが、逆に、k を中心に据えれば、逆変換式の方が、実は変数 k を x に変換するものと考えることもできる。ここまで来ると、変換と逆変換の意味がなくなる。

　実際に、$\exp(ikx)$ と $\exp(-ikx)$ が橋渡し役となって、これら変換を支えているが、その積分範囲がいずれも $-\infty \leq x \leq \infty$ および $-\infty \leq k \leq \infty$ となっているので、ikx と $-ikx$ という正負の区別自体も重要ではないのである。

　ここで、フーリエ変換と逆変換の表現方法をまとめると

$$a(k)=\frac{1}{2\pi}\int_{-\infty}^{\infty}F(x)\exp(-ikx)dx \qquad F(x)=\int_{-\infty}^{\infty}a(k)\exp(ikx)dk$$

$$a(\omega)=\int_{-\infty}^{\infty}F(x)\exp(-i\omega x)dx \qquad F(x)=\frac{1}{2\pi}\int_{-\infty}^{\infty}a(\omega)\exp(i\omega x)d\omega$$

$$a(k)=\frac{1}{\sqrt{2\pi}}\int_{-\infty}^{\infty}F(x)\exp(-ikx)dx \qquad F(x)=\frac{1}{\sqrt{2\pi}}\int_{-\infty}^{\infty}a(k)\exp(ikx)dk$$

以上の変換対を使うかぎり、フーリエ変換と逆変換は、すべて矛盾なく実行できる。さらに、$\exp(ikx)$ と $\exp(-ikx)$ を取り替えて

$$a(k)=\int_{-\infty}^{\infty}F(x)\exp(ikx)dx \qquad F(x)=\frac{1}{2\pi}\int_{-\infty}^{\infty}a(k)\exp(-ikx)dk$$

の組み合わせを使うことも可能である。ただし、これらフーリエ変換対をまとめると（つまり $a(k)$ を $F(x)$ に代入すると）

$$F(x)=\frac{1}{2\pi}\int_{-\infty}^{\infty}\int_{-\infty}^{\infty}F(t)\exp\bigl(ik(x-t)\bigr)dtdk$$

となって、ただひとつのフーリエ積分に集約される。（ただし、$a(k)$ のフーリエ逆変換の式は変数を t に変えている。）

第 5 章　フーリエ積分とフーリエ変換

補遺 5-1　区分求積法と積分

ある関数 $f(x)$ が与えられた時、指定した範囲 (interval)（$a \leq x \leq b$）で $f(x)$ のグラフと x 軸で囲まれた部分の面積 (S) を求めるのが定積分 (definite integral) である（図 5A-1 参照）。積分記号を使って書くと

$$S = \int_a^b f(x)dx$$

となる。このとき、a を下端 (lower limit)、b を上端 (upper limit) と呼ぶ。

それでは、どうやって面積を求めるか。このためには、図 5A-2 に示すように、まず範囲 $a \leq x \leq b$ を n 分割する。すると 1 つの分割単位の幅は

$$\frac{b-a}{n}$$

で与えられる。このときの関数の値を

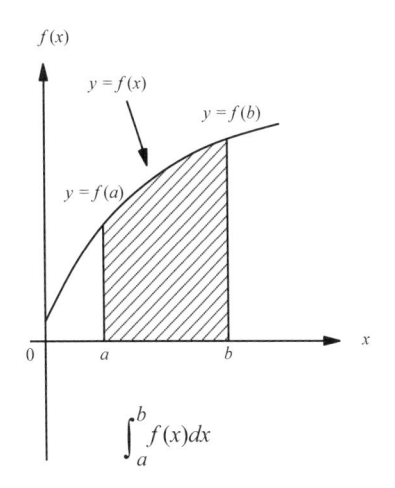

図 5A-1　定積分の定義。区間 $a \leq x \leq b$ において関数 $y = f(x)$ と x 軸に囲まれた部分の面積を与える。

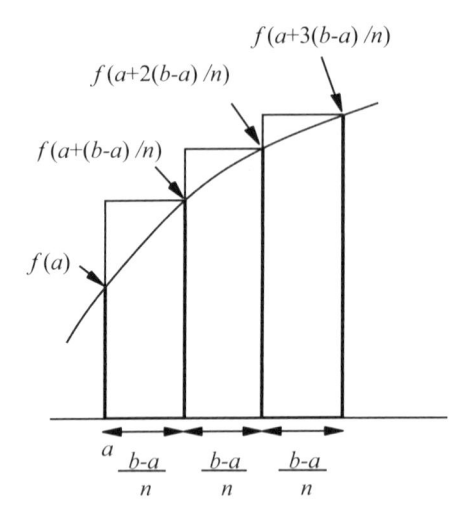

図 5A-2 面積を求めるために、区間を一定間隔の長方形で近似する。

$$f\left(a+\frac{b-a}{n}\right)$$

と近似する。すると、最初の分割パーツを長方形で近似した時の面積は

$$f\left(a+\frac{b-a}{n}\right)\cdot\frac{b-a}{n}$$

で与えられる。次のパーツの面積は

$$f\left(a+2\cdot\frac{b-a}{n}\right)\cdot\frac{b-a}{n}$$

となり、k 番目のパーツの面積は

$$f\left(a+k\cdot\frac{b-a}{n}\right)\cdot\frac{b-a}{n}$$

これを順次足し合わせていくと、結局、図の面積は

第 5 章　フーリエ積分とフーリエ変換

$$S = \sum_{k=1}^{n} f\left(a + k \cdot \frac{b-a}{n}\right) \cdot \frac{b-a}{n}$$
$$= \left\{ f\left(a + \frac{b-a}{n}\right) + f\left(a + 2 \cdot \frac{b-a}{n}\right) + \cdots + f\left(a + n \cdot \frac{b-a}{n}\right) \right\} \frac{b-a}{n}$$

で与えられる。これが区分求積法と呼ばれる手法である。読んで字のごとく、区分して面積を求める手法である。ただし、これはあくまでも近似式である。それを本来の値に近づけるためには、分割数を増やしていく必要がある。そして、分割数 n が ∞ となった極限では、正確な面積が得られる。よって

$$S = \int_a^b f(x)dx$$
$$= \lim_{n \to \infty} \left\{ f\left(a + \frac{b-a}{n}\right) + f\left(a + 2 \cdot \frac{b-a}{n}\right) + \cdots + f\left(a + n \cdot \frac{b-a}{n}\right) \right\} \frac{b-a}{n}$$

が面積を与える式であり、これが定積分を与える定義式となる。フーリエ級数展開からフーリエ積分への拡張は、区分求積法における区間の幅が 1 であったものを、無限小にしたものと考えることができる。

補遺 5-2　デルタ関数

デルタ関数は物理学者のディラック (Dirac) によって導入された関数であり、点電荷など一点に集中した物理量を表現するのに便利である。また、当初は数学的な意味はないと考えられていたが、あとで紹介するように初等関数による表示も可能になり、数学的な基礎も確立されている。

デルタ関数の意味を考える下準備として、図 5A-3 のような関数 $\delta_n(x)$ を考える。原点をはさんで幅が n、高さが $1/n$ の長方形である。この関数の面積は常に 1 である。よって、$\xi > n$ とすれば

$$\int_{-\xi}^{\xi} \delta_n(x)dx = 1$$

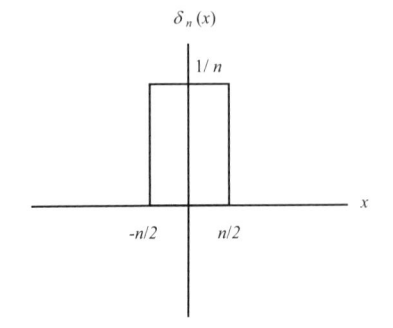

図 5A-3 原点を中心にして横幅が n、高さが $1/n$ の長方形に対応した関数を考える。この面積は、n の値に関係なく常に 1 である。

と書くことができる。この値は積分範囲を広げても変わらないので

$$\int_{-\infty}^{\infty} \delta_n(x)dx = 1$$

のように、積分範囲を無限大にすることもできる。さて、ここで n はどんな値であろうと常に積分値は 1 であるから、$n \to 0$ の極限を考える。すると、図 5A-3 の長方形は、図 5A-4 に示すように、幅が無限小（この場合は $x = 0$ の点に近づく）で高さが無限大の関数となる。このような関数をデルタ関数 (delta function) と呼んで、$\delta(x)$ と表記する。これがデルタ関数の定義である。

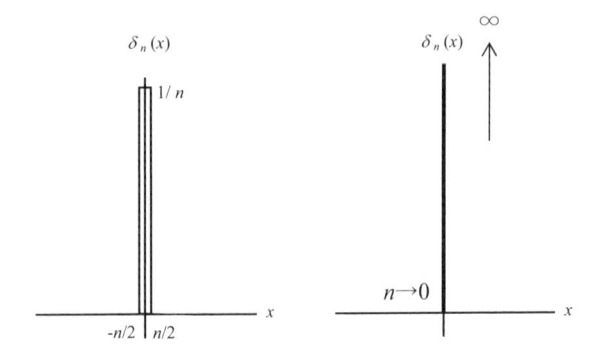

図 5A-4 図 5A-3 の関数において n の幅を狭めていくと、$n \to 0$ の極限では、$x=0$ の点で無限大の高さを持ち、その面積が 1 の関数ができる。この関数をデルタ関数と呼んでいる。

デルタ関数には、いろいろと便利な性質があるが、まずつぎの積分を考えてみよう。

$$\int_{-\infty}^{\infty} f(x)\delta_n(x)dx$$

この積分は、関数 $f(x)$ にデルタ関数をかけて、無限区間で積分したものである。ここでデルタ関数が値を持つのは $x = 0$ の点であり、この場合の積分値が 1 であるから

$$\int_{-\infty}^{\infty} f(x)\delta(x)dx = f(0)$$

となる。つぎにデルタ関数をつぎのように変形する。

$$\delta(x-a)$$

これは、デルタ関数において値を持つ点が、$x = a$ に移ったことを意味している。すると

$$\int_{-\infty}^{\infty} f(x)\delta_n(x-a)dx = f(a)$$

となって、任意の点における関数の値を取り出すことができる。

つぎに、デルタ関数の興味ある性質はヘビサイド (Heaviside) のステップ関数 (Heaviside step function) との関係である。図 5A-5 に示すような関数 $u(x)$ を考える。

$$u(x) = \begin{cases} 1 & (x \geq 0) \\ 0 & (x < 0) \end{cases}$$

これは、$x = 0$ の点において、急に 0 から 1 に変化する関数である。この関数の微分をとると、$x = 0$ 以外では傾きは 0 であるから微分値も 0 であり、$x = 0$ で無限大となる。つまり、デルタ関数となる。よって

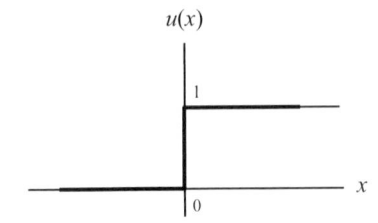

図 5A-5 ヘビサイドのステップ関数。$x=0$ において 0 から 1 にジャンプする。

$$\delta(x) = \frac{du(x)}{dx}$$

の関係にあることが分かる。

最後にデルタ関数とフーリエ変換の関係について考えてみる。まず、フーリエ変換は

$$\alpha(k) = \frac{1}{2\pi}\int_{-\infty}^{\infty}\delta(x)\exp(-ikx)dx$$

となるが、デルタ関数の性質 $\int_{-\infty}^{\infty}f(x)\delta(x)dx = f(0)$ から

$$\alpha(k) = \frac{1}{2\pi}\int_{-\infty}^{\infty}\delta(x)\exp(-ikx)dx = \frac{1}{2\pi}\exp(-ik\cdot 0) = \frac{1}{2\pi}$$

となり、$1/2\pi$ となることが分かる。つぎに、これを逆フーリエ変換すると

$$\delta(x) = \int_{-\infty}^{\infty}\alpha(k)\exp(ikx)dk = \frac{1}{2\pi}\int_{-\infty}^{\infty}\exp(ikx)dk$$

の関係が得られる。これをデルタ関数の定義とする教科書も多い。この式は、実はフーリエ変換を導く際に利用したものであり、思い出していただくと分かるように

$$\int_{-\infty}^{\infty}\exp(ikx)dk$$

第 5 章　フーリエ積分とフーリエ変換

の積分値が 0 とならないのは、$x = 0$ の場合であり、そのときの積分値は 2π であった。よって、デルタ関数の働きをすることが分かる。

また、本文でも紹介したように、デルタ関数は、$F(x) = 1$　$(-L \leq x \leq L)$ のフーリエ変換である

$$\alpha(k) = \frac{\sin kL}{\pi k}$$

において、幅 L を無限大にした極限に相当するから

$$\delta(x) = \lim_{L \to \infty} \frac{\sin Lx}{\pi x}$$

と定義することもできる。

ここで、$f(x) = 1$ という関数を考えてみよう。この関数を無限区間で積分すると発散する。よって、普通はフーリエ変換の対象とはならない。しかし、デルタ関数を使うと事情が異なる。$f(x) = 1$ のフーリエ変換は

$$\alpha(k) = \frac{1}{2\pi} \int_{-\infty}^{\infty} f(x) \exp(-ikx) dx = \frac{1}{2\pi} \int_{-\infty}^{\infty} 1 \cdot \exp(-ikx) dx = \frac{1}{2\pi} \int_{-\infty}^{\infty} \exp(-ikx) dx$$

となる。ここで、デルタ関数の定義は

$$\delta(x) = \frac{1}{2\pi} \int_{-\infty}^{\infty} \exp(ikx) dk$$

であったが、k が負の場合でも結果は同じであるから、$f(x) = 1$ のフーリエ変換は $\delta(k)$ と与えられることになる。

実は、デルタ関数を利用すると、普通はフーリエ変換できない関数の変換が可能となる。デルタ関数をつぎのように書いて

$$\delta(x) = \frac{1}{2\pi} \int_{-\infty}^{\infty} \exp(-ikx) dk$$

x に関する微分をとってみよう。すると

$$\frac{d\delta(x)}{dx} = \frac{1}{2\pi} \frac{d\left[\int_{-\infty}^{\infty} \exp(-ikx) dk\right]}{dx} = \frac{1}{2\pi} \int_{-\infty}^{\infty} \frac{d(\exp(-ikx))}{dx} dk$$

$$= \frac{1}{2\pi} \int_{-\infty}^{\infty} (-ik) \exp(-ikx) dk = \frac{-i}{2\pi} \int_{-\infty}^{\infty} k \exp(-ikx) dk$$

と計算できる。ここで、右辺をよく見ると、これは $f(k) = k$ という関数のフーリエ変換である。つまり、関数 $f(x) = x$ のフーリエ変換は

$$\alpha(k) = \frac{1}{2\pi} \int_{-\infty}^{\infty} f(x) \exp(-ikx) dx = \frac{1}{2\pi} \int_{-\infty}^{\infty} x \cdot \exp(-ikx) dx = i \frac{d\delta(k)}{dk}$$

となる。本文では、フーリエ変換できない関数として $f(x) = x$ を紹介したが、デルタ関数という新しい関数を導入すると、不思議なことに(形式的ではあるが)変換が出来てしまうのである。

さらに

$$\frac{d\delta(x)}{dx} = \frac{-i}{2\pi} \int_{-\infty}^{\infty} k \exp(-ikx) dk$$

をもう一度 x に関して微分すると

$$\frac{d^2\delta(x)}{dx^2} = -\frac{1}{2\pi} \int_{-\infty}^{\infty} k^2 \exp(-ikx) dk$$

となって、$f(k) = k^2$ のフーリエ変換となる。同様にして、順次微分をくり返していけば、べき関数 (x^n) のフーリエ変換ができる。

補遺 5-3　複素積分

解法の難しい実数積分を求める手法として、複素積分 (complex integral) がある。複素積分には、実数積分にはない都合のよい性質があって、これ

第5章　フーリエ積分とフーリエ変換

をうまく利用すると、普通の方法では解けない実数積分の値を求めることができるのである。

　複素平面での積分の第一の特徴は、普通の関数 $f(z)$ を複素平面の閉曲線 (closed curve: c) 上で積分すると、その値がゼロになるという性質である。すなわち

$$\oint_c f(z)dz = 0$$

となる。ここで、普通の関数 (正則関数：regular function) とは、(無限遠をのぞいて) 無限大 (infinity) になる点を持たない関数である。

　例えば

$$f(z) = \frac{1}{z}$$

は、$z = 0$ で無限大になるので正則ではない。また、この無限大になる点を特異点 (singular point) と呼んでいる。

　もうひとつの特徴は、積分路の閉曲線の中に特異点がある場合は、積分値はゼロにならず、ある一定の値をとるという点である。

　正則関数を複素平面の閉曲線上において積分すると、その値がゼロになるという性質はコーシーの積分定理 (Cauchy's integral theorem) と呼ばれる。

　まず、図 5A-6 に示したような原点を中心とする円に沿って関数 $f(z)$ を積分する場合を考えてみよう。

　このとき、積分経路は

$$z = re^{i\theta}$$

で与えられる。ここで

$$dz = ire^{i\theta}d\theta$$

となるので、$\oint_c f(z)dz$ は

$$\oint_C f(z)dz = i\int_0^{2\pi} F(\theta)re^{i\theta}d\theta$$

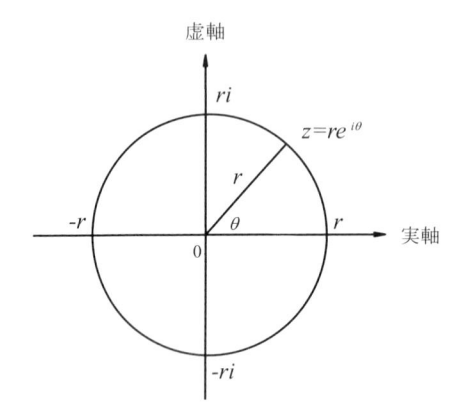

図 5A-6 複素平面における半径 r の円。

と変換される。ここで、注目すべきは $e^{i\theta}$ が関数にかかっていて、積分路が円の1周（1回転）に変わるという事実である。これが、積分値がゼロになるカギを握っている。

それを示すために、例として $f(z)=az^2+bz+c$ という2次関数を考える。これに $z=re^{i\theta}$ を代入すると

$$F(\theta) = ar^2e^{i2\theta} + bre^{i\theta} + c$$

となる。先程の式に代入すると

$$i\int_0^{2\pi}(ar^3e^{i3\theta} + br^2e^{i2\theta} + cre^{i\theta})d\theta$$
$$=ar^3i\int_0^{2\pi}e^{i3\theta}d\theta + br^2i\int_0^{2\pi}e^{i2\theta}d\theta + cri\int_0^{2\pi}e^{i\theta}d\theta$$

となる。ここで注目すべきは、すべての項が

$$\int_0^{2\pi}e^{in\theta}d\theta$$

というかたちの積分を含んでいることで、この積分値は

$$\int_0^{2\pi} e^{in\theta}d\theta = \frac{1}{in}\left[e^{in\theta}\right]_0^{2\pi} = \frac{1}{in}(e^{i2n\pi} - e^0) = 0$$

となって、すべてゼロであるから

$$\oint_c f(z)dz = 0$$

とならざるを得ない。これは、dz を $d\theta$ に変換する際に必ず $e^{i\theta}$ の項が付加されることにそもそもの原因がある。つぎに $f(z)$ に代入しても、定数以外は、かならず $(e^{i\theta})^n = e^{in\theta}$ 形式の項しかできないうえ、定数項にも $e^{i\theta}$ がかかるので、結局すべての項が $e^{in\theta}$ というかたちになる。この結果、あらゆる項の積分値

$$\int_0^{2\pi} F(\theta)d\theta$$

がゼロとなるので、コーシーの積分定理が成立する。この性質は、原点に中心がない場合や、任意の閉曲線でも成立する。

　それでは、どのような場合に周回積分がゼロとならないのであろうか。この積分がゼロになるトリックは、被積分関数に $e^{i\theta}$ がかかるためである。よって $e^{i\theta}$ のかたちをした項を消す工夫が必要となる。この方法は簡単で、$e^{-i\theta}$ を含む関数を積分すればよいのである。つまり、$1/z$ の項である。そうすれば、この項はゼロとならない。

　ここで試しに、関数 $f(z) = a/z$ を原点を中心とする半径 r の円上で複素積分を行った場合を計算してみよう。すると

$$\oint_c \frac{a}{z}dz = i\int_0^{2\pi} \frac{a}{re^{i\theta}}re^{i\theta}d\theta = i\int_0^{2\pi} ad\theta = 2\pi i \cdot a$$

となり、ゼロとはならないことが確かめられる。これは、$1/z$ の項によって

$e^{i\theta}$ の項が消えたおかげである。さらに、上の積分では r に関係なく（円の大きさあるいは、閉曲線の大きさに関係なく）積分値は常に一定となることも分かる。実は、複素積分では特異点を含む閉曲線で、ある関数を積分した場合、その値は常に一定という性質がある。

ここで、$1/z$ の定数項 a のことを留数（residue）と呼ぶ[2]。これは、ただひとつ残留する項ということから、こう呼ばれる。ここで、留数について少し考えてみよう。

一般の複素関数 ($f(z)$) が次のような級数展開 (power series expansion) が可能であるとしよう。

$$f(z) = a_0 + a_1 z + a_2 z^2 + a_3 z^3 + a_4 z^4 + ...$$

このような関数（正則関数）の閉曲線上での周回積分はすべてゼロとなる。これは、$z = re^{i\theta}$ と極形式であらわせば、すべての項が

$$\int_0^{2\pi} e^{in\theta} d\theta = 0$$

のかたちの積分を含むためである。これがゼロにならないためには、$1/z$ の項が必要になるので

$$f(z) = a_{-1}z^{-1} + a_0 + a_1 z + a_2 z^2 + a_3 z^3 + a_4 z^4 + ...$$

のかたちをした関数でなければならない。実際、この関数を積分すれば

$$\oint_c f(z)dz = i\int_0^{2\pi}(a_{-1} + a_0 re^{i\theta} + a_1 r^2 e^{i2\theta} + a_2 r^3 e^{i3\theta} + ...)d\theta$$

となり、結局積分の値は

$$\oint_c f(z)dz = i\int_0^{2\pi} a_{-1} d\theta = 2\pi i \cdot a_{-1}$$

---

[2] 英語で residue は、割り算 (division) の余り（剰余）のことも指す。

となる。つまり、数ある係数の中で a_{-1} だけが残る（残留する）ことになる。このため、定数項 a_{-1} のことを留数と呼んでいる。また、周回積分は $2\pi i a_{-1}$ で与えられる。これを留数定理 (residue theorem) と呼んでいる。

それでは、次の関数の場合はどうであろうか。

$$f(z) = a_{-2}z^{-2} + a_{-1}z^{-1} + a_0 + a_1z + a_2z^2 + a_3z^3 + a_4z^4 + ...$$

この積分は

$$\oint_c f(z)dz = i\int_0^{2\pi}(a_{-2}r^{-1}e^{-i\theta} + a_{-1} + a_0 re^{i\theta} + a_1 r^2 e^{i2\theta} + a_2 r^3 e^{i3\theta} + ...)d\theta$$

となり、結局、この場合も残るのは a_{-1} の項だけとなる。つまり、あらゆる項の中で周回積分して 0 とならないのは、唯一 $1/z$ の項だけである。つまり、係数 a_{-1} だけが複素積分において特別の意味を持っており、そのために留数と呼ばれるのである。

こうすると、閉曲線に沿った複素積分は非常に簡単となり、与えられた関数を級数展開したうえで、$1/z$ の項だけ着目すればよいことになる。ここで、複素関数の級数展開においては

$$f(z) = ... + a_{-3}z^{-3} + a_{-2}z^{-2} + a_{-1}z^{-1} + a_0 + a_1z + a_2z^2 + a_3z^3 + ...$$

のように $-n$ の項を含めて級数展開する必要がある。これをローラン級数展開 (Laurent series expansion) と呼んでいる。

ただし、これらの表記は $z=0$ のまわりで展開した場合の式で、より一般的には $z = \alpha$ のまわりで展開した式を使う。これは、特異点が $z=0$ ではなく、$z = \alpha$ の場合に対応する。このとき

$$f(z) = ... + a_{-2}(z-\alpha)^{-2} + a_{-1}(z-\alpha)^{-1} + a_0 + a_1(z-\alpha) + a_2(z-\alpha)^2 + ...$$

のように z の項に $z-\alpha$ を代入すれば済む。

この関数を $z = \alpha$ を含む閉曲線で積分した時に、$a_{-1}(z-\alpha)^{-1}$ の項以外はすべてゼロとなる。逆に考えれば、留数（a_{-1}）さえ求まれば、簡単に積分値を求められることになる。では、どうやって留数を求めたら良いのであろ

うか。
　例として

$$f(z) = \frac{a_{-1}}{z} + a_0 + a_1 z + a_2 z^2 + a_3 z^3 + \cdots$$

の関数を考える。
　この場合、$z = 0$ を代入したのでは、最初の項が無限大となる。そこで、両辺に z をかけるのである。すると

$$zf(z) = a_{-1} + a_0 z + a_1 z^2 + a_2 z^3 + a_3 z^4 + \cdots$$

となる。こうしておいて、$z = 0$ を代入すれば a_{-1} が求められる。ただし、注意するのは、

$$a_{-1} = \lim_{z \to 0} zf(z)$$

と書くことである。これは、このような表記方法で単純に $z=0$ を代入すると右辺がゼロになってしまうからである。実際の計算では、$f(z)$ に z をかけた結果得られる関数では $z = 0$ を代入しても、ゼロとはならないようになっている。同様にして $z = \alpha$ が特異点の場合には

$$a_{-1} = \lim_{z \to \alpha} (z - \alpha) f(z)$$

と与えられる。

第6章　フーリエ変換の応用

　フーリエ変換は、フーリエ級数展開から発展して、周期のない関数にもフーリエの手法を適用できるように拡張したものである。一方、フーリエ変換とフーリエ逆変換の二つの式（フーリエ変換対）は、ある関数の変数を別な変数に変換するという操作と、それをもとに戻すという機能を持っており、この特徴を活かした微分方程式の解法も行われている。
　そこで、本章ではフーリエ変換が有する変数変換という特徴を紹介したうえで、実際の偏微分方程式の解法にフーリエ変換がどのように利用されるかを紹介する。

6.1. フーリエ変換の特徴

　この章では、フーリエ変換として次の表式を採用する。

$$\alpha(\omega) = \int_{-\infty}^{\infty} f(x)\exp(-i\omega x)dx$$

この式は、変数変換という観点では、x の関数である $f(x)$ を ω の関数 $\alpha(\omega)$ に変換する式である。これを $f(x)$ の変換式ということを強調して

$$\mathcal{F}(f(x)) = \int_{-\infty}^{\infty} f(x)\exp(-i\omega x)dx$$

と表記することもできる。ここで、$\mathcal{F}(f(x))$ は関数 $f(x)$ をフーリエ変換するということを意味しており、$\mathcal{F}$ は演算子 (operator) の一種と考えること

ができる。一方、逆フーリエ変換は

$$f(x) = \frac{1}{2\pi}\int_{-\infty}^{\infty}\alpha(\omega)\exp(i\omega x)d\omega$$

であったが、同様の表式をつかって

$$\mathcal{F}^{-1}(\alpha(\omega)) = \frac{1}{2\pi}\int_{-\infty}^{\infty}\alpha(\omega)\exp(i\omega x)d\omega$$

と表現することもできる。ここで $\mathcal{F}^{-1}$ は、フーリエ変換された関数をもとの関数にもどす（逆フーリエ変換する）操作という意味である。つまり、$\mathcal{F}^{-1}$ は $\mathcal{F}$ の逆演算ということになる。

　フーリエ変換の応用において重要な考えは、$f(x)$ と $\alpha(\omega)$ はかたちは違うものの、1対1に必ず対応しているという点である。この関係をうまく利用して、後で紹介するように、微分方程式の解法への応用が可能となる。

　ここで、定義式に基づいて、フーリエ変換の特徴を調べてみよう。まず $af(x) + bg(x)$ のフーリエ変換は

$$\begin{aligned}\mathcal{F}(af(x)+bg(x)) &= \int_{-\infty}^{\infty}(af(x)+bg(x))\exp(-i\omega x)dx \\ &= a\int_{-\infty}^{\infty}f(x)\exp(-i\omega x)dx + b\int_{-\infty}^{\infty}g(x)\exp(-i\omega x)dx \\ &= a\mathcal{F}(f(x)) + b\mathcal{F}(g(x))\end{aligned}$$

となって、線形性を有することが確認できる。

　つぎに、$f(x)$ の微分をフーリエ変換してみよう。

$$\mathcal{F}\left(\frac{df(x)}{dx}\right) = \int_{-\infty}^{\infty}\frac{df(x)}{dx}\exp(-i\omega x)dx$$

となるが、部分積分を利用すると

$$\int_{-\infty}^{\infty}\frac{df(x)}{dx}\exp(-i\omega x)dx = \left[f(x)\exp(-i\omega x)\right]_{-\infty}^{\infty} - (-i\omega)\int_{-\infty}^{\infty}f(x)\exp(-i\omega x)dx$$

と変形できる。前章でも紹介したが、フーリエ変換の対象となる関数 $f(x)$ は $x \to \pm\infty$ で $f(x) \to 0$ を満足する必要がある。なぜなら、このような関数でなければ、フーリエ変換の積分を行ったときに、その値が発散して無限大になってしまい、意味がなくなるからである。

よって、上の部分積分の第 1 項は 0 となり

$$\mathcal{F}\left(\frac{df(x)}{dx}\right) = \int_{-\infty}^{\infty} \frac{df(x)}{dx} \exp(-i\omega x) dx = i\omega \int_{-\infty}^{\infty} f(x) \exp(-i\omega x) dx$$

となる。ここで、右辺の積分は、フーリエ変換そのものである。よって

$$\mathcal{F}\left(\frac{df(x)}{dx}\right) = i\omega \mathcal{F}(f(x))$$

つまり、x の関数の微分操作は、フーリエ変換後の ω の関数では、単なる $i\omega$ のかけ算操作に変わるのである。つまり

$$f(x) \to \frac{df(x)}{dx} \qquad \alpha(\omega) \to i\omega\alpha(\omega)$$

という対応関係にある。つぎに、2 階導関数は、1 階導関数で得られているフーリエ変換の関係を利用すると

$$\mathcal{F}\left(\frac{d^2 f(x)}{dx^2}\right) = \mathcal{F}\left(d\left(\frac{df(x)}{dx}\right)\bigg/dx\right) = i\omega \mathcal{F}\left(\frac{df(x)}{dx}\right) = (i\omega)^2 \mathcal{F}(f(x))$$

となって、2 階微分は $(i\omega)^2$ のかけ算となる。ただし、$x \to \pm\infty$ で $df(x)/dx \to 0$ を満足する必要があることに注意する。

さらに、この関係を続けていくと、一般式として n 階導関数のフーリエ変換は

$$\mathcal{F}(f^{(n)}(x)) = (i\omega)^n \mathcal{F}(f(x))$$

と与えられる。つまり

$$f(x) \to f^{(n)}(x) \qquad \alpha(\omega) \to (i\omega)^n \alpha(\omega)$$

の関係にある。この場合も、$x \to \pm\infty$ で $f^{(n)}(x) \to 0$ ($n = 1, 2, 3...$) を満足する必要がある。つまり、高階の微分という演算が、フーリエ変換後はより簡単なかけ算に置き換わるという特徴が、フーリエ変換の大きな利点のひとつである。

6.2. フーリエ変換の合成積

フーリエ変換の応用を考えたときに重要な性質として合成積 (convolution)(あるいはたたみこみ積分)と呼ばれるものがある。いま $f(x)$ と $g(y)$ のフーリエ変換をそれぞれ $\alpha(\omega)$ と $\beta(\omega)$ とする。すると

$$\alpha(\omega) = \int_{-\infty}^{\infty} f(x)\exp(-i\omega x)dx \qquad \beta(\omega) = \int_{-\infty}^{\infty} g(y)\exp(-i\omega y)dy$$

という関係にある。ここで、これらフーリエ変換の積を計算してみよう。すると

$$\alpha(\omega)\beta(\omega) = \int_{-\infty}^{\infty} f(x)\exp(-i\omega x)dx \int_{-\infty}^{\infty} g(y)\exp(-i\omega y)dy$$

となるが、右辺の積分は、それぞれ x と y の別々の変数に関する積分であるから

$$\alpha(\omega)\beta(\omega) = \int_{-\infty}^{\infty}\int_{-\infty}^{\infty} f(x)g(y)\exp\{-i\omega(x+y)\}dxdy$$

とまとめることができる。ここで、$x + y = u$ とおくと、x が一定のときに y の変化は u の変化に反映されるので、$dxdy \to dxdu$ と変換できる。よって

$$\alpha(\omega)\beta(\omega) = \int_{-\infty}^{\infty}\int_{-\infty}^{\infty} f(x)g(u-x)\exp(-i\omega u)dxdu$$

と変形することができる。ここで dx の積分に $\exp(-i\omega u)$ は影響を与えないので、積分の外に出せて

$$\alpha(\omega)\beta(\omega) = \int_{-\infty}^{\infty}\left[\int_{-\infty}^{\infty}f(x)g(u-x)dx\right]\exp(-i\omega u)du$$

となる。ここで、右辺は

$$\int_{-\infty}^{\infty}f(x)g(u-x)dx$$

という積分の変数 u に関するフーリエ変換そのものである。（ここでフーリエ変換の変数が x ではなく u になることに注意する。）よって、フーリエ変換の記号を使って書くと

$$\mathcal{F}(f(u))\mathcal{F}(g(u)) = \mathcal{F}\left[\int_{-\infty}^{\infty}f(x)g(u-x)dx\right]$$

と書くことができる。つまり、$f(u)$ のフーリエ変換と $g(u)$ のフーリエ変換の積は

$$\int_{-\infty}^{\infty}f(x)g(u-x)dx$$

というかたちをした積分のフーリエ変換となっている。このかたちの積分を $f(u)$ と $g(u)$ の合成積 (convolution) と呼んでいる。

この関係が重要であるのは

$$\alpha(\omega)\beta(\omega) = \mathcal{F}\left[\int_{-\infty}^{\infty}f(x)g(u-x)dx\right]$$

という関係にあるので

$$\mathcal{F}^{-1}(\alpha(\omega)\beta(\omega)) = \int_{-\infty}^{\infty}f(x)g(u-x)dx$$

のように、フーリエ変換した関数の積を逆変換するときに、もとの関数の合成積で表現できるからである。あるいは

$$\int_{-\infty}^{\infty} f(x)g(u-x)dx = \frac{1}{2\pi}\int_{-\infty}^{\infty} \alpha(\omega)\beta(\omega)\exp(i\omega u)d\omega$$

と書くこともできる。これをコンボルーション定理 (convolution theorem) と呼んでいる。

6.3. フーリエ変換による偏微分方程式の解法

それでは、以上のフーリエ変換の性質を利用して実際に偏微分方程式の解法を行ってみよう。第 3 章では、フーリエ級数展開を利用して、両端が固定された棒の温度を求める演習を行った。このとき、フーリエ級数展開が有効であったのは、棒の長さ ($2L$) を周期としたフーリエ級数で展開が可能であったからである。

ところが、棒の長さが無限の場合はどうなるであろうか。この場合、周期がないからフーリエ級数展開を使うことができない。ここで、周期が無限の波に対応できるフーリエ変換が登場する。それでは、実際に演習を行ってみよう。

いま、細く長い棒があって、その初期の温度分布が $f(x)$ で与えられているものとする(図 6-1 参照)。この棒の熱伝導係数を κ として、時刻 t、位置 x における温度 $u(x, t)$ を求める問題を考えてみよう。

この問題に対応した偏微分方程式は

$$\frac{\partial u(x,t)}{\partial t} = \kappa \frac{\partial^2 u(x,t)}{\partial x^2}$$

であり、初期条件は $u(x, 0) = f(x)$ となる。ここで、この両辺を x に関してフーリエ変換してみよう。すると

第6章　フーリエ変換の応用

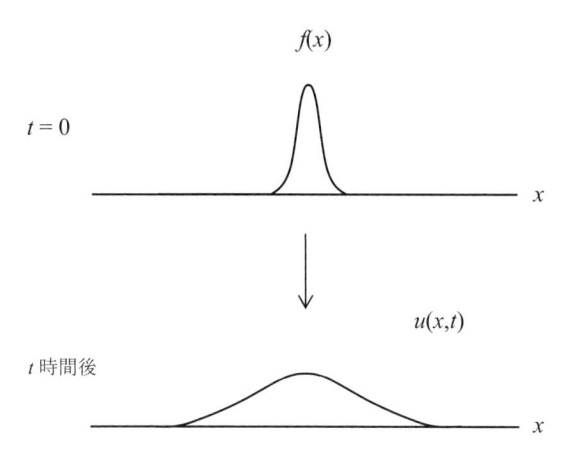

$f(x)$

$t = 0$

x

$u(x,t)$

t 時間後

x

図 6-1　無限に長い棒の最初の温度分布が関数 $f(x)$ で与えられたときに、それが時間とともにどのように変化するかを求める。

$$\mathcal{F}\left(\frac{\partial u(x,t)}{\partial t}\right) = \int_{-\infty}^{\infty} \frac{\partial u(x,t)}{\partial t} \exp(-i\omega x)dx = \frac{\partial \left[\int_{-\infty}^{\infty} u(x,t)\exp(-i\omega x)dx\right]}{\partial t}$$

と変形できるので

$$\mathcal{F}\left(\frac{\partial u(x,t)}{\partial t}\right) = \frac{\partial \mathcal{F}(u(x,t))}{\partial t}$$

となる。つぎに右辺のフーリエ変換は

$$\mathcal{F}\left(\frac{\partial^2 u(x,t)}{\partial x^2}\right) = (i\omega)^2 \mathcal{F}(u(x,t)) = -\omega^2 \mathcal{F}(u(x,t))$$

であった。よって

$$\frac{\partial \mathcal{F}(u(x,t))}{\partial t} = -\kappa \omega^2 \mathcal{F}(u(x,t))$$

となる。これを t について解くと

$$\mathcal{F}(u(x,t)) = U(\omega)\exp(-\kappa\omega^2 t)$$

が特別解となる。ただし $U(\omega)$ は ω の任意関数である。ここで初期条件をつかうと、$u(x, 0) = f(x)$ であったから、$t = 0$ を代入すると

$$\mathcal{F}(u(x,0)) = \mathcal{F}(f(x)) = U(\omega)$$

となって、$U(\omega)$ は $f(x)$ のフーリエ変換で与えられることが分かる。この $U(\omega)$ を代入すると

$$\mathcal{F}(u(x,t)) = U(\omega)\exp(-\kappa\omega^2 t) = \mathcal{F}(f(x))\exp(-\kappa\omega^2 t)$$

と書くことができる。ここで、右の関数を逆フーリエ変換すれば、表記の偏微分方程式の解である $u(x,t)$ を得ることができる。つまり

$$u(x,t) = \mathcal{F}^{-1}\bigl(\mathcal{F}(f(x))\exp(-\kappa\omega^2 t)\bigr)$$

となる。ただし、このままでは簡単に逆変換できない。そこで

$$\mathcal{F}(g(x)) = \exp(-\kappa\omega^2 t)$$

を満足する関数 $g(x)$ を、まず求める。この理由は、関数 $g(x)$ を求めることができれば、前項で紹介したコンボルーション定理を使って、$f(x)$ と $g(x)$ の合成積として、まとめて逆変換することができるからである。(このように、フーリエ変換の応用においてコンボルーション定理は非常に有用である。)

　ここで $g(x)$ を与える逆フーリエ変換は

$$g(x) = \frac{1}{2\pi}\int_{-\infty}^{\infty}\exp(-\kappa\omega^2 t)\exp(i\omega x)d\omega$$

である。この式を x で微分すると

第 6 章　フーリエ変換の応用

$$\frac{dg(x)}{dx} = \frac{1}{2\pi}\int_{-\infty}^{\infty}\exp(-\kappa\omega^2 t)\frac{d\exp(i\omega x)}{dx}d\omega = \frac{1}{2\pi}\int_{-\infty}^{\infty}\exp(-\kappa\omega^2 t)(i\omega)\exp(i\omega x)d\omega$$

ここで

$$\frac{d\exp(-\kappa\omega^2 t)}{d\omega} = (-2\kappa\omega t)\exp(-\kappa\omega^2 t)$$

であるから、部分積分をつかうと

$$\int_{-\infty}^{\infty}\exp(-\kappa\omega^2 t)(i\omega)\exp(i\omega x)d\omega$$
$$= \left[-\frac{i}{2\kappa t}\exp(-\kappa\omega^2 t)\exp(i\omega x)\right]_{-\infty}^{\infty} - \left(-\frac{i}{2\kappa t}\right)ix\int_{-\infty}^{\infty}\exp(-\kappa\omega^2 t)\exp(i\omega x)d\omega$$
$$= -\left(\frac{x}{2\kappa t}\right)\int_{-\infty}^{\infty}\exp(-\kappa\omega^2 t)\exp(i\omega x)d\omega = -\left(\frac{x}{2\kappa t}\right)2\pi g(x)$$

よって

$$\frac{dg(x)}{dx} = -\left(\frac{x}{2\kappa t}\right)g(x)$$

という関係が得られる。変数分離を行うと

$$\frac{dg(x)}{g(x)} = -\left(\frac{x}{2\kappa t}\right)dx$$

となる。これを積分すると

$$\ln(g(x)) = -\left(\frac{x^2}{4\kappa t}\right) + C$$

よって

$$g(x) = \exp\left(-\frac{x^2}{4\kappa t}\right)\cdot\exp(C) = A\exp\left(-\frac{x^2}{4\kappa t}\right)$$

となる。ここで、A は定数であるが、$x=0$ とすれば exp の値は 1 となるから $g(0) = A$ である。よって、定数 A は

$$A = \frac{1}{2\pi}\int_{-\infty}^{\infty}\exp(-\kappa\omega^2 t)\exp(i\omega\cdot 0)d\omega = \frac{1}{2\pi}\int_{-\infty}^{\infty}\exp(-\kappa t\omega^2)d\omega$$

の積分で与えられる。ここで、この積分はガウス積分 (Gaussian integral)としてよく知られたもので、その値は

$$\int_{-\infty}^{\infty}\exp(-\kappa t\omega^2)d\omega = \sqrt{\frac{\pi}{\kappa t}}$$

となる(補遺 6-1 参照)。よって

$$A = \frac{1}{2\pi}\int_{-\infty}^{\infty}\exp(-\kappa t\omega^2)d\omega = \frac{1}{2\pi}\sqrt{\frac{\pi}{\kappa t}} = \sqrt{\frac{1}{4\pi\kappa t}}$$

と定数が求められ、$g(x)$ は

$$g(x) = A\exp\left(-\frac{x^2}{4\kappa t}\right) = \sqrt{\frac{1}{4\pi\kappa t}}\exp\left(-\frac{x^2}{4\kappa t}\right)$$

となる。こうすれば

$$\mathcal{F}(u(x,t)) = \mathcal{F}(f(x))\mathcal{F}(g(x))$$

のように、すべてがフーリエ変換のかたちになり、右辺はフーリエ変換した関数の積であるから、逆フーリエ変換すると、合成積となる。結局

$$u(x,t) = \int_{-\infty}^{\infty}f(y)g(x-y)dy$$

と与えられる。$g(x-y)$ を代入すると

$$u(x,t) = \int_{-\infty}^{\infty} f(y) \sqrt{\frac{1}{4\pi\kappa t}} \exp\left(-\frac{(x-y)^2}{4\kappa t}\right) dy$$

が得られる。このままでもよいが

$$\frac{(x-y)^2}{4\kappa t} = \xi^2$$

という変数変換を行うと

$$\frac{-2(x-y)dy}{4\kappa t} = 2\xi d\xi \qquad dy = -\frac{4\kappa t}{x-y}\xi d\xi = \pm\frac{4\kappa t}{\sqrt{4\kappa t}\xi}\xi d\xi = \pm 2\sqrt{\kappa t}d\xi$$

であり

$$x - y = \pm 2\sqrt{\kappa t}\xi$$

であるが、ξの積分範囲は$-\infty$から∞であるので、上の関係で+を選ぶと、$u(x, t)$ は

$$u(x,t) = -\frac{1}{\sqrt{\pi}} \int_{-\infty}^{\infty} f(x - 2\sqrt{\kappa t}\xi) \exp\left(-\xi^2\right) d\xi$$

と与えられる。

6.4. フーリエサイン変換とフーリエコサイン変換

　フーリエ級数展開で紹介したように、フーリエ級数展開の対象の関数 $F(x)$ が奇関数あるいは偶関数の場合には、sin および cos のみの関数として級数展開することが可能であった。実はフーリエ変換においても同様である。
　フーリエ変換を、もう一度書くと

$$\alpha(\omega) = \int_{-\infty}^{\infty} F(x)\exp(-i\omega x)dx$$

であったが、いま $F(x)$ が偶関数とすると

$$F(x) = F(-x)$$

が成立する。フーリエ変換式をつぎのように変形し

$$\alpha(\omega) = \int_{-\infty}^{\infty} F(x)\exp(-i\omega x)dx = \int_{-\infty}^{0} F(x)\exp(-i\omega x)dx + \int_{0}^{\infty} F(x)\exp(-i\omega x)dx$$

最初の積分において $x = -x$ とおくと

$$\int_{-\infty}^{0} F(x)\exp(-i\omega x)dx = \int_{\infty}^{0} F(-x)\exp(i\omega x)(-dx) = \int_{0}^{\infty} F(-x)\exp(i\omega x)dx$$

と変形できるが、偶関数の場合 $F(x) = F(-x)$ を考慮すると

$$\alpha(\omega) = \int_{0}^{\infty} F(x)\{\exp(-i\omega x) + \exp(i\omega x)\}dx$$

となる。ここでオイラーの公式を使うと

$$\frac{\exp(-i\omega x) + \exp(i\omega x)}{2} = \cos(\omega x)$$

であるから

$$\alpha(\omega) = \int_{0}^{\infty} F(x) 2\cos(\omega x)dx = 2\int_{0}^{\infty} F(x)\cos(\omega x)dx$$

となる。これをフーリエコサイン変換と呼んでいる。つぎに、逆変換は

$$F(x) = \frac{1}{2\pi}\int_{-\infty}^{\infty} a(\omega)\exp(i\omega x)d\omega$$

であったが、これも分解すると

$$F(x) = \frac{1}{2\pi}\int_{-\infty}^{\infty} \alpha(\omega)\exp(i\omega x)d\omega$$
$$= \frac{1}{2\pi}\int_{-\infty}^{0} \alpha(\omega)\exp(i\omega x)d\omega + \frac{1}{2\pi}\int_{0}^{\infty} \alpha(\omega)\exp(i\omega x)d\omega$$

となる。ここで

$$\alpha(\omega) = 2\int_{0}^{\infty} F(x)\cos(\omega x)dx$$

より

$$\alpha(-\omega) = 2\int_{0}^{\infty} F(x)\cos(-\omega x)dx = 2\int_{0}^{\infty} F(x)\cos(\omega x)dx = \alpha(\omega)$$

となって、フーリエ変換も偶関数となるので

$$F(x) = \frac{1}{2\pi}\int_{0}^{\infty} \alpha(\omega)\{\exp(i\omega x) + \exp(-i\omega x)\}d\omega$$

オイラーの公式より

$$F(x) = \frac{1}{\pi}\int_{0}^{\infty} \alpha(\omega)\cos\omega x d\omega$$

となる。よってフーリエコサイン変換と逆変換は

$$\alpha(\omega) = 2\int_{0}^{\infty} F(x)\cos(\omega x)dx \qquad F(x) = \frac{1}{\pi}\int_{0}^{\infty} \alpha(\omega)\cos\omega x d\omega$$

と計算できる。しかし、このままでは両方に係数がついているので、$f(x) = 2F(x)$ とおくと

$$\alpha(\omega) = \int_{0}^{\infty} f(x)\cos(\omega x)dx \qquad f(x) = \frac{2}{\pi}\int_{0}^{\infty} \alpha(\omega)\cos\omega x d\omega$$

とまとめることができる。同様にして $f(x)$ が奇関数の場合には

$$\alpha(\omega) = \int_0^\infty f(x)\sin(\omega x)dx \qquad f(x) = \frac{2}{\pi}\int_0^\infty \alpha(\omega)\sin\omega x d\omega$$

の組み合わせで、フーリエサイン変換と逆変換が得られる。

演習 6-1　$F(x) = e^{-ax}\ (x \geq 0);\ F(x) = e^{ax}\ (x < 0)\ (a > 0)$　（図 6-2）のフーリエ変換を求めよ。

解）　$F(x)$ は偶関数であるので、フーリエコサイン変換が可能である。

$$\alpha(\omega) = \int_0^\infty F(x)\cos\omega x dx$$

であるので

$$\alpha(\omega) = \int_0^\infty \exp(-ax)\cdot\cos\omega x dx$$

となる。部分積分を行うと

$$\alpha(\omega) = \left[\exp(-ax)\cdot\frac{\sin\omega x}{\omega}\right]_0^\infty - \int_0^\infty (-a)\exp(-ax)\cdot\frac{\sin\omega x}{\omega}dx$$

$$= \frac{a}{\omega}\int_0^\infty \exp(-ax)\cdot\sin\omega x dx$$

図 6-2　演習 6-1 の関数。

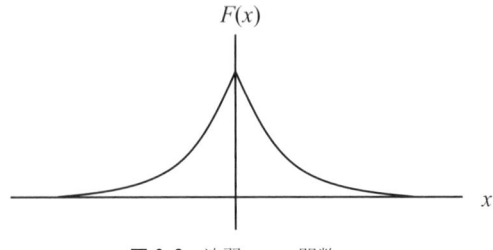

もう一度部分積分を行うと

$$\int_0^\infty \exp(-ax) \cdot \sin \omega x\, dx$$
$$= \left[\exp(-ax) \cdot \left(-\frac{\cos \omega x}{\omega}\right)\right]_0^\infty - \int_0^\infty (-a)\exp(-ax) \cdot \left(-\frac{\cos \omega x}{\omega}\right) dx$$
$$= \frac{1}{\omega} - \frac{a}{\omega} \int_0^\infty \exp(-ax) \cdot \cos \omega x\, dx$$

となるが、最後の積分は $\alpha(\omega)$ そのものであるので

$$\alpha(\omega) = \frac{a}{\omega}\left(\frac{1}{\omega} - \frac{a}{\omega}\alpha(\omega)\right)$$

となる。これを解くと

$$\alpha(\omega) = \frac{a}{\omega^2} - \frac{a^2}{\omega^2}\alpha(\omega) \qquad \frac{a^2 + \omega^2}{\omega^2}\alpha(\omega) = \frac{a}{\omega^2}$$

となり、結局フーリエコサイン変換は

$$\alpha(\omega) = \frac{a}{a^2 + \omega^2}$$

と与えられる。

演習 6-2 $F(x) = e^{-ax}\ (x \geq 0)$; $F(x) = -e^{ax}\ (x < 0)$ $(a > 0)$ (図 6-3)のフーリエ変換を求めよ。

解) $F(x)$ は奇関数であるので、フーリエサイン変換が可能である。

$$\alpha(\omega) = \int_0^\infty F(x) \sin \omega x\, dx$$

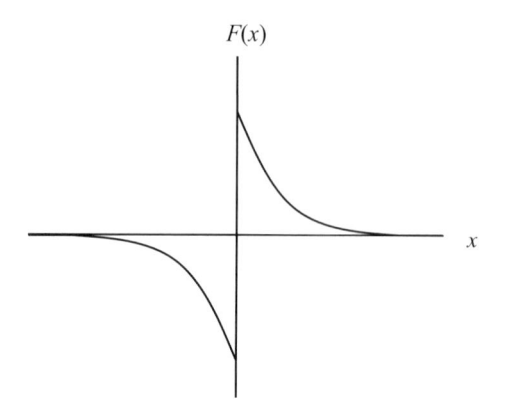

図 6-3 演習 6-2 の関数。奇関数であることが分かる。

であるので

$$\alpha(\omega) = \int_0^\infty \exp(-ax) \cdot \sin \omega x dx$$

となる。部分積分を行うと

$$\alpha(\omega) = \left[\exp(-ax) \cdot \left(-\frac{\cos \omega x}{\omega} \right) \right]_0^\infty - \int_0^\infty (-a) \exp(-ax) \cdot \left(-\frac{\cos \omega x}{\omega} \right) dx$$

$$= \frac{1}{\omega} - \frac{a}{\omega} \int_0^\infty \exp(-ax) \cdot \cos \omega x dx$$

もう一度部分積分を行うと

$$\int_0^\infty \exp(-ax) \cdot \cos \omega x dx = \left[\exp(-ax) \cdot \left(\frac{\sin \omega x}{\omega} \right) \right]_0^\infty - \int_0^\infty (-a) \exp(-ax) \cdot \left(\frac{\sin \omega x}{\omega} \right) dx$$

$$= \frac{a}{\omega} \int_0^\infty \exp(-ax) \cdot \sin \omega x dx$$

となるが、最後の積分は $\alpha(\omega)$ そのものであるので

となる。これを解くと

$$\alpha(\omega) = \frac{1}{\omega} - \frac{a^2}{\omega^2}\alpha(\omega)$$

となる。これを解くと

$$\frac{a^2 + \omega^2}{\omega^2}\alpha(\omega) = \frac{1}{\omega}$$

となり、結局フーリエサイン変換は

$$\alpha(\omega) = \frac{\omega}{a^2 + \omega^2}$$

と与えられる。

演習 6-3 $F(x) = \dfrac{1}{x^2 + a^2}$ $(a > 0)$ （図 6-4）のフーリエ変換を求めよ。

解） $F(x)$ は偶関数であるからフーリエコサイン変換が可能である。

$$\alpha(\omega) = \int_0^\infty F(x)\cos\omega x\, dx$$

であるので

$$\alpha(\omega) = \int_0^\infty \frac{\cos\omega x}{x^2 + a^2} dx$$

となる。ここで演習 5-4 の複素積分より

$$\int_{-\infty}^\infty \frac{\exp(-i\omega x)}{x^2 + a^2} dx = \frac{\pi}{a}\exp(-a\omega)$$

図 6-4

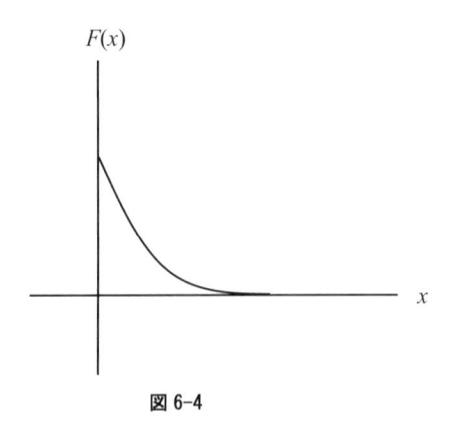

が得られている。

$$\int_{-\infty}^{\infty} \frac{\exp(-i\omega x)}{x^2+a^2} dx = \int_{-\infty}^{\infty} \frac{\cos \omega x}{x^2+a^2} dx - i\int_{-\infty}^{\infty} \frac{\sin \omega x}{x^2+a^2} dx = \frac{\pi}{a}\exp(-a\omega)$$

と変形できるが、右辺は実数であるので

$$\int_{-\infty}^{\infty} \frac{\cos \omega x}{x^2+a^2} dx = \frac{\pi}{a}\exp(-a\omega) \qquad \int_{0}^{\infty} \frac{\cos \omega x}{x^2+a^2} dx = \frac{\pi}{2a}\exp(-a\omega)$$

と計算できる。よってフーリエコサイン変換は

$$\alpha(\omega) = \frac{\pi}{2a}\exp(-a\omega)$$

と与えられる。

以上のように、フーリエサイン変換とフーリエコサイン変換は、半無限区間に対応したフーリエ変換である。通常のフーリエ変換は、無限区間に対応したものであったが、例えば、境界が存在し、一方だけに無限であるような場合には適応できなかったが、フーリエサイン変換およびフーリエ

コサイン変換は、境界値問題に対応できることを示している。ここで例として端部があり、一方向に無限の長さを持つ棒の熱伝導について考えてみよう。条件として、この端部の温度が常に 0 であるとする。偏微分方程式は

$$\frac{\partial T(x,t)}{\partial t} = \kappa \frac{\partial^2 T(x,t)}{\partial x^2} \quad (x > 0, t > 0)$$

$$T(0,t) = 0 \quad (t \geq 0)$$

さらに、初期条件として最初の温度分布が

$$T(x,0) = f(x) \quad (x > 0)$$

とする。ここで、$T(x, t)$ を x の関数とみてフーリエサイン変換する。すると

$$\mathcal{F}(T(x,t)) = \int_0^\infty T(x,t) \sin \omega x \, dx$$

となる。ここで、一般にはフーリエ変換とフーリエサイン変換を区別して、フーリエ変換の記号 $\mathcal{F}$ に添字として s などをつける場合が多いが、ここでは省略している。これを偏微分方程式に代入すると

$$\mathcal{F}\left(\frac{\partial T(x,t)}{\partial t}\right) = \int_0^\infty \frac{\partial T(x,t)}{\partial t} \sin \omega x \, dx = \frac{\partial}{\partial t} \int_0^\infty T(x,t) \sin \omega x \, dx = \frac{\partial}{\partial t}(\mathcal{F}(T(x,t))$$

つぎに右辺のフーリエ変換は

$$\mathcal{F}\left(\frac{\partial^2 T(x,t)}{\partial x^2}\right) = (i\omega)^2 \mathcal{F}(T(x,t)) = -\omega^2 \mathcal{F}(T(x,t))$$

であった。よって

$$\frac{\partial \mathcal{F}(T(x,t))}{\partial t} = -\kappa \omega^2 \mathcal{F}(T(x,t))$$

となる。これを t について解くと

$$\mathcal{F}(T(x,t)) = U(\omega)\exp(-\kappa\omega^2 t)$$

が特別解となる。ただし $U(\omega)$ は ω の任意関数である。

　ここで初期条件をつかうと、$T(x,0) = f(x)$ であったから、$t = 0$ を代入すると

$$\mathcal{F}(T(x,0)) = \mathcal{F}(f(x)) = U(\omega)$$

となって、$U(\omega)$ は $f(x)$ のフーリエ変換で与えられることが分かる。よって

$$U(\omega) = \int_0^\infty f(x)\sin\omega x\, dx$$

この $U(\omega)$ を代入すると

$$\mathcal{F}(T(x,t)) = U(\omega)\exp(-\kappa\omega^2 t) = \exp(-\kappa\omega^2 t)\int_0^\infty f(y)\sin\omega y\, dy$$

と書くことができる。ここで、$U(\omega)$ を求める際のフーリエ変換の変数は x でなくとも良いので、混乱を避けるため変数として y を使用した。

　結局、右の関数を逆フーリエ変換すれば、表記の偏微分方程式の解である $T(x,t)$ を得ることができる。よって

$$T(x,t) = \frac{2}{\pi}\int_0^\infty \exp(-\kappa\omega^2 t)\left[\int_0^\infty f(y)\sin\omega y\, dy\right]\sin\omega x\, d\omega$$

と解が与えられる。

補遺 6-1　ガウスの積分公式

　ガウスの積分公式は

第 6 章　フーリエ変換の応用

$$f(x) = \exp(-ax^2)$$

のかたちをした関数を$-\infty$から∞まで積分したときの値を与えるものである。

この関数はガウス関数 (Gaussian function) とも呼ばれる重要な関数である。例えば、正規分布 (normal distribution) はガウス分布 (Gaussian distribution) とも呼ばれるが、ガウス関数のかたちをしている。

この関数を図示すると図 6A-1 に示したようなグラフとなり、$x = 0$ にピークを持ち、xの絶対値の増加とともに急激に減衰する。よって、無限の範囲で積分しても有限の値を持つことが分かる。それほど、複雑な関数ではないので、簡単に積分できそうだが、そう単純ではなく、この積分の解法には工夫を要する。

ここで、この値をIと置こう。

$$I = \int_{-\infty}^{\infty} \exp(-ax^2) dx$$

つぎに、まったく同様なyの関数の積分を考え

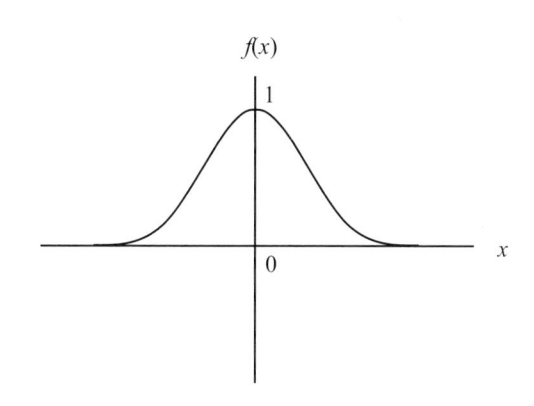

図 6A-1　$f(x) = \exp(-ax^2)$ のグラフ。

$$I = \int_{-\infty}^{\infty} \exp(-ay^2) dy$$

そのうえで、これら積分の積を求めると

$$I^2 = \int_{-\infty}^{\infty} \exp(-ax^2) dx \cdot \int_{-\infty}^{\infty} \exp(-ay^2) dy$$

となるが、これをまとめて

$$I^2 = \int_{-\infty}^{\infty} \int_{-\infty}^{\infty} \exp(-a(x^2 + y^2)) dx dy$$

という重積分のかたちに変形できる。この重積分は図 6A-2 に示すような

$$z = \exp(-a(x^2 + y^2))$$

という関数の体積に相当する。ここで、直交座標 (x, y) を極座標 (r, θ) に変換する。すると

$$dxdy \to rdrd\theta$$

という変換が必要となり、積分範囲は

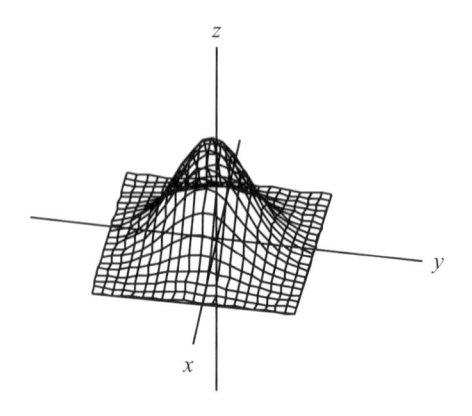

図 6A-2 $z = \exp-(x^2+y^2)$ のグラフ。

$$-\infty \leq x \leq \infty, -\infty \leq y \leq \infty \quad \rightarrow \quad 0 \leq r \leq \infty, 0 \leq \theta \leq 2\pi$$

と変わる。よって

$$I^2 = \int_0^{2\pi} \int_0^{\infty} \exp(-ar^2) r dr d\theta$$

と置き換えられる。まず

$$\int_0^{\infty} \exp(-ar^2) r dr$$

の積分を計算する。$r^2 = t$ と置くと $2rdr = dt$ であるから

$$\int_0^{\infty} \exp(-ar^2) r dr = \int_0^{\infty} \frac{\exp(-at)}{2} dt = \left[-\frac{\exp(-at)}{2a} \right]_0^{\infty} = \frac{1}{2a}$$

と計算できる。よって

$$I^2 = \int_0^{2\pi} \int_0^{\infty} \exp(-ar^2) r dr d\theta = \int_0^{2\pi} \frac{1}{2a} d\theta = \left[\frac{\theta}{2a} \right]_0^{2\pi} = \frac{\pi}{a}$$

$$\therefore I = \pm \sqrt{\frac{\pi}{a}}$$

となるが、グラフから明らかなように I の値は正であるので、結局

$$\int_{-\infty}^{\infty} \exp(-ax^2) d\omega = \sqrt{\frac{\pi}{a}}$$

と与えられる。

　ここでガウス関数にはフーリエ変換してもそのかたちが変わらないという重要な性質がある。それを確認してみよう。$f(x) = \exp(-ax^2)$ のフーリエ変換を求めてみる。すると、フーリエ変換

$$\alpha(\omega) = \int_{-\infty}^{\infty} \exp(-ax^2)\exp(-i\omega x)dx$$

で与えられる。この式を ω で微分すると

$$\frac{d\alpha(\omega)}{d\omega} = \int_{-\infty}^{\infty} \exp(-ax^2)\frac{d\exp(-i\omega x)}{d\omega}dx = \int_{-\infty}^{\infty} \exp(-ax^2)(-ix)\exp(-i\omega x)dx$$

ここで

$$\frac{d\exp(-ax^2)}{dx} = (-2ax)\exp(-ax^2)$$

であるから

$$\frac{i}{2a}\frac{d\exp(-ax^2)}{dx} = \frac{i}{2a}(-2ax)\exp(-ax^2) = (-ix)\exp(-ax^2)$$

という関係にある。そこで、部分積分をつかうと

$$\int_{-\infty}^{\infty} \exp(-ax^2)(-ix)\exp(-i\omega x)d\omega$$
$$= \left[\frac{i}{2a}\exp(-ax^2)\exp(-i\omega x)\right]_{-\infty}^{\infty} - \left(\frac{i}{2a}\right)(-i\omega)\int_{-\infty}^{\infty}\exp(-ax^2)\exp(-i\omega x)d\omega$$
$$= -\left(\frac{\omega}{2a}\right)\int_{-\infty}^{\infty}\exp(-ax^2)\exp(-i\omega x)d\omega = -\left(\frac{\omega}{2a}\right)\alpha(\omega)$$

よって

$$\frac{d\alpha(\omega)}{d\omega} = -\left(\frac{\omega}{2a}\right)\alpha(\omega)$$

という関係が得られる。変数分離を行うと

$$\frac{d\alpha(\omega)}{\alpha(\omega)} = -\left(\frac{\omega}{2a}\right)d\omega$$

となる。これを積分すると

$$\ln(\alpha(\omega)) = -\left(\frac{\omega^2}{4a}\right) + C$$

よって

$$\alpha(\omega) = \exp\left(-\frac{\omega^2}{4a}\right) \cdot \exp(C) = A\exp\left(-\frac{\omega^2}{4a}\right)$$

となる。ここで、A は定数であるが、$\alpha(0) = A$ となる。よって、定数 A は

$$A = \alpha(0) = \int_{-\infty}^{\infty} \exp(-ax^2)\exp(-i0x)\,dx = \int_{-\infty}^{\infty} \exp(-ax^2)\,dx$$

の積分で与えられる。これはガウス積分であり

$$A = \int_{-\infty}^{\infty} \exp(-ax^2)\,d\omega = \sqrt{\frac{\pi}{a}}$$

で与えられる。よって

$$\alpha(\omega) = A\exp\left(-\frac{\omega^2}{4a}\right) = \sqrt{\frac{\pi}{a}}\exp\left(-\frac{\omega^2}{4a}\right)$$

となる。このように、$\exp(-ax^2)$ のかたちをした関数をフーリエ変換しても、やはり同じかたちをした関数に変換される。あるいは、ガウス分布（つまり正規分布）はフーリエ変換してもガウス分布になるという性質を有している。

第7章 ラプラス変換

　フーリエ変換は、フーリエ級数展開において周期を無限大に拡張することで生まれたものであり、この拡張のおかげで周期のない関数にもフーリエ解析を適用することができるようになった。

　ところで、フーリエ変換には、級数展開という要素だけではなく、変数変換という新しい役割が付加されている。この変数変換を利用すると、微分という演算が、変数変換後の世界では、単なる $i\omega$ のかけ算に変わる。よって、この手法を微分方程式の解法にうまく利用すると、変数変換して簡単な四則計算を行ってから、その結果をフーリエ逆変換することで解が得られる場合がある。このような手法を演算子法と呼んでいるが、同様の手法で、より明確に演算子法という側面が強調されるのが、ラプラス変換 (Laplace transform) である[1]。

　フーリエ変換は、ある関数 $F(x)$ に $\exp(-ikx)$ をかけて k に関して $-\infty$ から ∞ まで積分するものであった。同様の変数変換であるが、フーリエ変換が複素指数関数を使うのに対し、その実数版と言えるものがラプラス変換 (Laplace transform) である。

7.1. ラプラス変換の定義

　ラプラス変換の定義式は

---

[1] ラプラス変換は、電子工学者のヘビサイドが考案して電気回路の解析などに利用した。しかし、ヘビサイド自身は、経験的に計算結果が実測値と一致することは知っていたが、その意味が分からなかった。その後、他の数学者によって、フーリエ変換との相関も含めて、数学的な基礎が確立されたという経緯がある。

$$F(s) = \int_0^\infty f(x)\exp(-sx)dx$$

である。これをフーリエ変換と比較してみよう。フーリエ変換は

$$\alpha(\omega) = \int_{-\infty}^\infty f(x)\exp(-i\omega x)dx$$

であった。この2つの変換式には共通点が多い。フーリエ変換では、関数 $f(x)$ に $\exp(-i\omega x)$ をかけて$-\infty$から∞まで積分しているのに対し、ラプラス変換では $\exp(-sx)$ という実数の指数関数をかけて、0から∞まで積分している。

また、ラプラス変換において s を実数から虚数に拡張すれば、フーリエ変換となる。ここで、前章で扱ったフーリエコサイン変換とフーリエサイン変換を思い出してみよう。例えば、$f(x) = \exp(-ax)$ のフーリエコサイン変換は

$$\alpha(\omega) = \int_0^\infty \exp(-ax)\cdot\cos\omega x\, dx$$

となり

$$\alpha(\omega) = \frac{a}{a^2+\omega^2}$$

と与えられる。これをωではなく、a の関数と考えて

$$F(a) = \frac{a}{a^2+\omega^2}$$

と書くこともできるが、これはまさに $\cos\omega x$ のラプラス変換式である。同様に $f(x) = \exp(-ax)$ のフーリエサイン変換は

$$\alpha(\omega) = \int_0^\infty \exp(-ax)\cdot\sin\omega x\, dx$$

となり

$$\alpha(\omega) = \frac{\omega}{a^2 + \omega^2}$$

と与えられたが、先ほどと同様に a の関数と考えると

$$F(a) = \frac{a}{a^2 + \omega^2}$$

と書けるが、これは $\sin\omega x$ のラプラス変換である。このように、ラプラス変換は、フーリエ変換とかなり似た性質を有している。

　ラプラス変換では、変換の対象となる関数 $f(x)$ を原関数、$F(s)$ を像関数と呼ぶ。あるいは、もっと変換を明確にするために、フーリエ変換と同様に $\mathcal{L}(f(x)) = F(s)$ と表記する。

　原関数と像関数は、いわば別の世界に属しているが、それぞれ1対1に対応しており鏡像関係にある。よって、$F(s)$ を $f(x)$ にもどすこともできる。この操作をラプラス逆変換 (inverse Laplace transform) と呼んでいる。こちらは、$\mathcal{L}^{-1}(F(s)) = f(x)$ と表記する。これもフーリエ変換とまったく同様である。ラプラス逆変換の定義式も当然あるが、フーリエ逆変換に比べると、それほど計算は簡単ではない（補遺7-1参照）。そこで、実用的には、$f(x)$ のラプラス変換が $F(s)$ というような対応表が用意されていて、その表をもとに $F(s)$ を $f(x)$ に逆変換するのが通例である。

　ここで、ラプラス変換の性質について、その定義式をもとに調べてみよう。ラプラス変換は

$$\mathcal{L}(f(x)) = \int_0^{\infty} e^{-sx} f(x) dx$$

で与えられるが、$f(x)$ につぎのような関数を代入すると

$$\mathcal{L}(af(x) + bg(x)) = \int_0^{\infty} e^{-sx}(af(x) + bg(x))dx = a\int_0^{\infty} e^{-sx} f(x)dx + b\int_0^{\infty} e^{-sx} g(x)dx$$
$$= a\mathcal{L}(f(x)) + b\mathcal{L}(g(x))$$

となって、フーリエ変換と同様に線形性 (linearity) が確認できる。

7.1.1. 定数のラプラス変換

ラプラス変換は、$f(x)$ に $\exp(-sx)$ をかけて、x に関して 0 から ∞ まで積分する操作となっている。試しに、$f(x) = a$ という定数関数を入れて計算してみる。すると

$$\mathcal{L}(a) = \int_0^\infty e^{-sx} f(x) dx = a\int_0^\infty e^{-sx} dx = a\left[-\frac{1}{s}e^{-sx}\right]_0^\infty = \frac{a}{s}$$

となって、定数のラプラス変換は a/s で与えられる。

$\exp(-sx)$ のグラフは図 7-1 に示すように、x の増加とともに急激に減少するため、$f(x)$ をかけて、0 から∞まで積分しても、ある値に収束する[2]。それが、どのように収束するかは、s が大きいほど収束がはやい。この収束の度合いは当然 $f(x)$ によって異なるので、これを s の関数として表すことで $f(x)$ の変換ができることになる。例えば、定数関数は、s の逆数に比例して収束がはやくなることを示しているが、これは図 7-1 から明らかであろう。

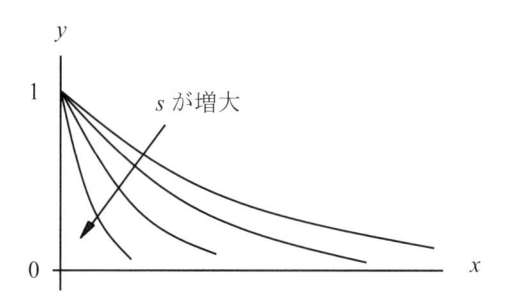

図 7-1　$y = \exp(-sx)$ のグラフ。

---

[2] 当たり前のことではあるが、$f(x)$ によっては収束しない場合ももちろんある。

7.1.2. 導関数のラプラス変換

つぎに導関数 $f'(x)$ はどうなるであろうか。これも変換式に代入すると

$$\mathcal{L}(f'(x)) = \int_0^\infty e^{-sx} f'(x) dx$$

ここで部分積分の手法を使うと

$$\int_0^\infty e^{-sx} f'(x) dx = \left[e^{-sx} f(x) \right]_0^\infty - \int_0^\infty (-s) e^{-sx} f(x) dx = -f(0) + s \int_0^\infty e^{-sx} f(x) dx$$

最後の積分は、関数 $f(x)$ のラプラス変換であるから

$$\mathcal{L}(f'(x)) = sF(s) - f(0)$$

となる。つまり、ラプラス変換では微分計算は、もとの関数に s をかけるという操作ですむのである。

それでは、2次の導関数はどうなるであろうか。せっかく、1次導関数の場合の関係を求めたので、これを利用してみよう。

$$\mathcal{L}(f''(x)) = s\mathcal{L}(f'(x)) - f'(0)$$

であり、$\mathcal{L}(f'(x)) = sF(s) - f(0)$ であるから、これを代入すると

$$\mathcal{L}(f''(x)) = s\{sF(s) - f(0)\} - f'(0) = s^2 F(s) - sf(0) - f'(0)$$

となる。つまり、2階の微分は基本的には、s^2 をかけることで得られる。以下同様の操作で、高い階数の導関数を求めることができる。このように、高階の微分演算が、より簡単なかけ算に置き換えられるというのが、ラプラス変換の効用のひとつである。

このようにラプラス変換では関数 $f(x)$ に $\exp(-sx)$ をかけることで、指数関数が持っている何回微分してもそれ自身にもどるという特徴と、$x = 0$ では $\exp(-sx) = 1$、$x \to \infty$ では、$\exp(-sx) \to 0$ に近づくという性質をうまく利用している。さらに、被積分関数が指数関数と $f(x)$ のかけ算になっているので、適宜、部分積分を利用できるという特徴もある。

7.1.3. 積分のラプラス変換

それでは、$f(x)$ の積分はどう変換されるであろうか。ここで積分した結果が x の関数となるように、ラプラス変換する対象として

$$\int_0^x f(t)dt$$

を考える。いま

$$\mathcal{L}(f(x)) = F(s) = \int_0^\infty e^{-sx} f(x)dx$$

であるとして

$$\mathcal{L}\left(\int_0^x f(t)dt\right) = \int_0^\infty e^{-sx}\left(\int_0^x f(t)dt\right)dx$$

を求める。ここで、部分積分を使うと

$$\mathcal{L}\left(\int_0^x f(t)dt\right) = \left[-\frac{1}{s}e^{-sx}\int_0^x f(t)dt\right]_0^\infty + \frac{1}{s}\int_0^\infty e^{-sx}f(x)dx$$

ここで $x \to \infty$ のとき $e^{-sx} \to 0$ であり、$x = 0$ のとき

$$\int_0^x f(t)dt = \int_0^0 f(t)dt = 0$$

であるから、右辺の第 1 項は 0 となる。また、第 2 項の積分は、まさに $f(x)$ のラプラス変換であるから

$$\mathcal{L}\left(\int_0^x f(t)dt\right) = \frac{1}{s}F(s)$$

となる。つまり、ラプラス変換後は、微分は s のかけ算になり、積分は $1/s$ のかけ算になる。変換前の原関数においては、微分と積分は逆演算である

ことが基本公式として知られているが、ラプラス変換後では、より単純な逆演算となっている。

それでは、さらにいくつかの関数のラプラス変換を計算してみよう。

7.1.4. べき級数のラプラス変換

べき級数のラプラス変換はどうなるであろうか。まず、x^n について計算してみる。

$$\mathcal{L}(x^n) = \int_0^\infty e^{-sx} x^n dx = \left[-\frac{1}{s} e^{-sx} x^n \right]_0^\infty - \int_0^\infty \left(-\frac{1}{s} e^{-sx} \right) n x^{n-1} dx = \frac{n}{s} \int_0^\infty e^{-sx} x^{n-1} dx$$

よって

$$\mathcal{L}(x^n) = \frac{n}{s} \mathcal{L}(x^{n-1})$$

の関係にある。すると順次

$$\mathcal{L}(x^{n-1}) = \frac{n-1}{s} \mathcal{L}(x^{n-2}) \qquad \mathcal{L}(x^{n-2}) = \frac{n-2}{s} \mathcal{L}(x^{n-3})$$

と計算できるので、結局

$$\mathcal{L}(x^n) = \frac{n!}{s^{n+1}}$$

となる。ここで、つぎのべき級数を考える。

$$f(x) = a_0 + a_1 x + a_2 x^2 + a_3 x^3 + ... + a_n x^n + ...$$

ラプラス変換の定義式をみれば分かるように、項別に変換できるので

$$\mathcal{L}(f(x)) = \frac{a_0}{s} + a_1 \frac{1}{s^2} + a_2 \frac{2}{s^3} + a_3 \frac{3!}{s^4} + ... + a_n \frac{n!}{s^{n+1}} + ...$$

となる。

7.1.5. 指数関数のラプラス変換

$$\mathcal{L}(e^{ax}) = \int_0^\infty e^{-sx} e^{ax} dx = \int_0^\infty e^{(a-s)x} dx = \left[\frac{1}{a-s} e^{(a-s)x} \right]_0^\infty$$

ここで $a > s$ の場合は発散してしまうが、$s > a$ の場合には

$$\mathcal{L}(e^{ax}) = \left[\frac{1}{a-s} e^{(a-s)x} \right]_0^\infty = -\frac{1}{a-s} = \frac{1}{s-a}$$

となる。

7.1.6. 三角関数のラプラス変換

$$\mathcal{L}(\cos ax) = \int_0^\infty e^{-sx} \cos ax \, dx$$

ここで、部分積分を利用すると

$$\int_0^\infty e^{-sx} \cos ax \, dx = \left[e^{-sx} \frac{1}{a} \sin ax \right]_0^\infty - \frac{1}{a} \int_0^\infty (-s) e^{-sx} \sin ax \, dx = \frac{s}{a} \int_0^\infty e^{-sx} \sin ax \, dx$$

もう一度部分積分を利用する。

$$\int_0^\infty e^{-sx} \sin ax \, dx = \left[-e^{-sx} \frac{1}{a} \cos ax \right]_0^\infty + \frac{1}{a} \int_0^\infty (-s) e^{-sx} \cos ax \, dx = \frac{1}{a} - \frac{s}{a} \mathcal{L}(\cos ax)$$

これを最初の式に代入すると

$$\mathcal{L}(\cos ax) = \frac{s}{a} \left\{ \frac{1}{a} - \frac{s}{a} \mathcal{L}(\cos ax) \right\}$$

整理すると

$$a^2 \mathcal{L}(\cos ax) = s - s^2 \mathcal{L}(\cos ax)$$

よって

$$\mathcal{L}(\cos ax) = \frac{s}{s^2 + a^2}$$

となる。

演習 7-1 $\sin ax$ のラプラス変換を求めよ。

解) 定義より $\mathcal{L}(\sin ax) = \int_0^\infty e^{-sx} \sin ax\, dx$

$$\int_0^\infty e^{-sx} \sin ax\, dx = \left[-e^{-sx} \frac{1}{a} \cos ax\right]_0^\infty + \frac{1}{a}\int_0^\infty (-s)e^{-sx} \cos ax\, dx = \frac{1}{a} - \frac{s}{a}\int_0^\infty e^{-sx} \cos ax\, dx$$

$$\int_0^\infty e^{-sx} \cos ax\, dx = \left[e^{-sx} \frac{1}{a} \sin ax\right]_0^\infty - \frac{1}{a}\int_0^\infty (-s)e^{-sx} \sin ax\, dx = \frac{s}{a}\mathcal{L}(\sin ax)$$

よって

$$\mathcal{L}(\sin ax) = \frac{1}{a} - \left(\frac{s}{a}\right)^2 \mathcal{L}(\sin ax)$$

これを整理すると

$$\mathcal{L}(\sin ax) = \frac{a}{s^2 + a^2}$$

と与えられる。

7.1.7. $xf(x)$ のラプラス変換

定義から、ある関数 $f(x)$ のラプラス変換は

$$\mathcal{L}(f(x)) = F(s) = \int_0^\infty e^{-sx} f(x) dx$$

ここで、この式の s に関する微分を求めると

$$\frac{dF(s)}{ds} = \frac{d}{ds} \int_0^\infty e^{-sx} f(x) dx = \int_0^\infty \frac{de^{-sx}}{ds} f(x) dx$$
$$= \int_0^\infty (-x) e^{-sx} f(x) dx = -\int_0^\infty e^{-sx} xf(x) dx$$

これは、$xf(x)$ のラプラス変換である。よって

$$\mathcal{L}(xf(x)) = -\frac{dF(s)}{ds}$$

という関係が得られる。

演習 7-2 　上記関係を利用して xe^{ax} のラプラス変換を求めよ。

解) 　$\mathcal{L}(e^{ax}) = F(s) = \dfrac{1}{s-a}$

であるから

$$\mathcal{L}(xe^{ax}) = -\frac{dF(s)}{ds} = -\left(\frac{1}{s-a}\right)' = \frac{1}{(s-a)^2}$$

となる。この関係を利用すると

$$\mathcal{L}(x^2 e^{ax}) = \mathcal{L}(x \cdot xe^{ax}) = -\left(\frac{1}{(s-a)^2}\right)' = \frac{2}{(s-a)^3}$$

同様にして

$$\mathcal{L}(x^3 e^{ax}) = \mathcal{L}(x \cdot x^2 e^{ax}) = -\left(\frac{2}{(s-a)^3}\right)' = \frac{2 \cdot 3}{(s-a)^4}$$

よって、一般式

$$\mathcal{L}(x^n e^{ax}) = \frac{n!}{(s-a)^{n+1}}$$

が得られる。

演習 7-3 $f(x)$ のラプラス変換が $F(s)$ と分かっているとき、$e^{ax} f(x)$ のラプラス変換をもとめよ。

解）定義から

$$\mathcal{L}(f(x)) = F(s) = \int_0^\infty e^{-sx} f(x) dx$$

よって

$$\mathcal{L}(e^{ax} f(x)) = \int_0^\infty e^{-sx} e^{ax} f(x) dx = \int_0^\infty e^{-(s-a)x} f(x) dx$$

これは、$F(s)$ を使って書くと $F(s-a)$ に他ならない。よって、s を $s-a$ で置換すればよい。例えば、$\sin bx$ と $\cos bx$ のラプラス変換は

$$\mathcal{L}(\sin bx) = \frac{b}{s^2 + b^2} \qquad \mathcal{L}(\cos bx) = \frac{s}{s^2 + b^2}$$

であるから

$$\mathcal{L}(e^{ax} \sin bx) = \frac{b}{(s-a)^2 + b^2} \qquad \mathcal{L}(e^{ax} \cos bx) = \frac{s-a}{(s-a)^2 + b^2}$$

となる。

7.1.8. ラプラス変換のまとめ
ここでラプラス変換をまとめる。

$f(x)$	$F(s)$	$f(x)$	$F(s)$
a	$\dfrac{a}{s}$	$\sin ax$	$\dfrac{a}{s^2+a^2}$
x	$\dfrac{1}{s^2}$	$\cos ax$	$\dfrac{s}{s^2+a^2}$
x^n	$\dfrac{n!}{s^{n+1}}$	$f'(x)$	$sF(s)-f(0)$
e^{ax}	$\dfrac{1}{s-a}$	$f''(x)$	$s^2F(s)-sf(0)-f'(0)$
xe^{ax}	$\dfrac{1}{(s-a)^2}$	$\int_0^x f(t)dt$	$\dfrac{1}{s}F(s)$

7.2. ラプラス変換による微分方程式の解法

ラプラス変換による微分方程式の解法の手順を図7-2に示す。まず、関数 $f(x)$ を項別にラプラス変換して $F(s)$ を得る。その後は単純な代数計算をする。その結果をラプラス逆変換ができるように変換して、最後は x の関数で表わす。すると、微分方程式の解が得られる。

それでは、実際にラプラス変換を利用して微分方程式を解いてみよう。

7.2.1. 2階微分方程式

$\dfrac{d^2y}{dx^2}+5\dfrac{dy}{dx}+6y=0$ を $y(0)=1$，$y'(0)=-1$ の条件のもとで解法する。

ラプラス変換をとると

$$s^2 F(s) - sy(0) - y'(0) + 5\{sF(s) - y(0)\} + 6F(s) = 0$$

初期条件を入れて整理すると

$$(s^2 + 5s + 6)F(s) = s + 4$$

よって

$$F(s) = \frac{s+4}{s^2+5s+6} = \frac{s+4}{(s+2)(s+3)} = \frac{2}{s+2} - \frac{1}{s+3}$$

ここで、前項のラプラス変換の対応表を使って x の関数にもどすと

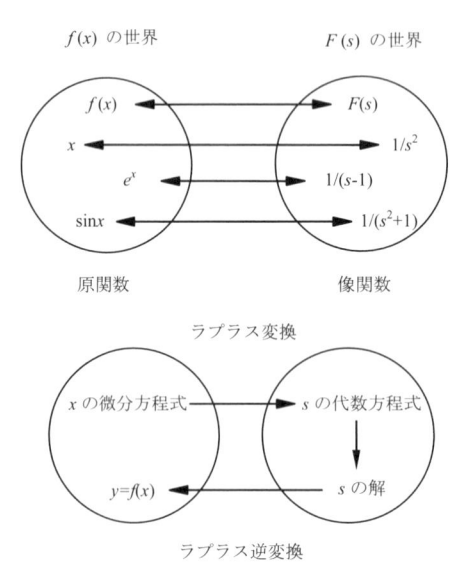

$$y = 2e^{-2x} - e^{-3x}$$

図 7-2 ラプラス変換を利用した微分方程式の解法の流れ。

という解が得られる。

7.2.2. 指数関数を含む微分方程式

$\dfrac{dy}{dx} - 2y = 2e^{3x}$ を $y(0) = 1$ の条件のもとで解法する。両辺のラプラス変換をとると

$$sL(y) - y(0) - 2L(y) = 2L(e^{3x})$$

ここで、$L(y) = F(s)$ と置くと

$$(s-2)F(s) = y(0) + \frac{2}{s-3} = 1 + \frac{2}{s-3} = \frac{s-1}{s-3}$$

$$F(s) = \frac{s-1}{(s-2)(s-3)} = -\frac{1}{s-2} + \frac{2}{s-3}$$

これを、前項のラプラス変換の対応表を使って、もとの x の関数に戻すと

$$y = -e^{2x} + 2e^{3x}$$

と解が与えられる。

演習 7-4 ラプラス変換を用いて、つぎの初期値問題を解け。

$$\frac{d^2 y}{dx^2} + 2\frac{dy}{dx} + y = \sin x \qquad y(0) = 0, \quad y'(0) = 1$$

解) 両辺のラプラス変換をとると

$$s^2 F(s) - sy(0) - y'(0) + 2\{sF(s) - y(0)\} + F(s) = \frac{1}{s^2 + 1}$$

初期条件を入れると

$$s^2 F(s) - 1 + 2sF(s) + F(s) = \frac{1}{s^2+1}$$

整理すると

$$(s^2 + 2s + 1)F(s) = 1 + \frac{1}{s^2+1} = \frac{s^2+2}{s^2+1}$$

よって

$$F(s) = \frac{s^2+2}{(s+1)^2(s^2+1)}$$

ここで右辺を部分分数に分解すると

$$F(s) = \frac{1}{2}\left(\frac{1}{s+1} + \frac{3}{(s+1)^2} - \frac{s}{s^2+1}\right)$$

ラプラス変換の対応表をつかって、xの関数にもどすと

$$y = \frac{1}{2}e^{-x} + \frac{3}{2}xe^{-x} - \frac{1}{2}\cos x$$

となる。

7.3. ラプラス変換の利用分野

　ラプラス変換は、微分方程式において、すばやい計算を必要とする工学的な応用に威力を発揮する。例えば、振動の微分方程式は知られているが、その振動を制御するのに、いちいち微分方程式を計算していたのでは時間がかかる。そこで、あらかじめ、微分方程式をラプラス変換して、普通の

代数計算に簡単化したうえで制御に使うという手法が用いられる。例として強制振動を考えてみよう。この微分方程式は

$$a\frac{d^2x(t)}{dt^2} + b\frac{dx(t)}{dt} + cx(t) = f(t)$$

と書くことができる。ここで f(t) は外力である。通常の装置では、初期条件は $x(0) = 0$, $x'(0) = 0$ であるから、このラプラス変換は

$$(as^2 + bs + c)X(s) = F(s)$$

となる。ただし

$$\mathcal{L}(x(t)) = X(s) \qquad \mathcal{L}(f(t)) = F(s)$$

の関係にある。すると $X(s)$ は

$$X(s) = \frac{1}{as^2 + bs + c}F(s)$$

という簡単な代数計算で求めることができる。実際には a と b が数値で与えられるので、外力 ($F(s)$) の変化に対する系の応答 ($X(s)$) が簡単な代数の計算式で表現できるのである。ここで

$$x(t) = \mathcal{L}^{-1}(X(s))$$

と逆変換すれば、x(t) を求めることができる（図 7-3 参照）。制御工学では、$as^2 + bs + c$ のことを伝達関数 (transform function) と呼ぶ。

また、交流の電気回路も微分方程式で表現できるが、これもラプラス変換を利用すると便利である。例えば、コイルと抵抗の直列回路に交流電圧 $E\sin\omega t$ を印加した時の微分方程式は

$$L\frac{dI}{dt} + RI = E\sin\omega t$$

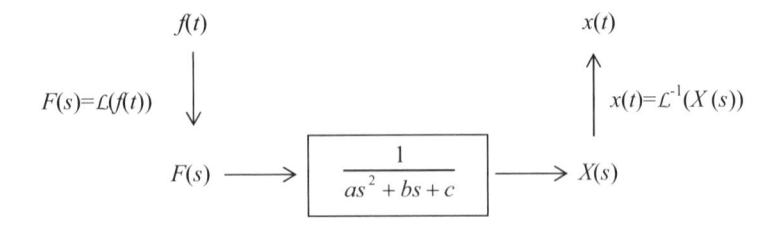

$$F(s)=\mathcal{L}(f(t)) \quad f(t) \downarrow \qquad x(t) \uparrow \quad x(t)=\mathcal{L}^{-1}(X(s))$$

$$F(s) \longrightarrow \boxed{\dfrac{1}{as^2+bs+c}} \longrightarrow X(s)$$

図 7-3 ラプラス変換を利用した高速制御の模式図と伝達関数。

と与えられる（図 7-4 参照）。初期条件を $I(0)=0$ とすると、ラプラス変換は

$$LsI(s)+RI(s)=\frac{E\omega}{s^2+\omega^2}$$
$$(Ls+R)I(s)=\frac{E\omega}{s^2+\omega^2}$$

よって

$$I(s)=\frac{E\omega}{(Ls+R)(s^2+\omega^2)}=\frac{E\omega}{R^2+\omega^2L^2}\left(\frac{L^2}{Ls+R}+\frac{-Ls+R}{s^2+\omega^2}\right)$$

これをさらに変形して

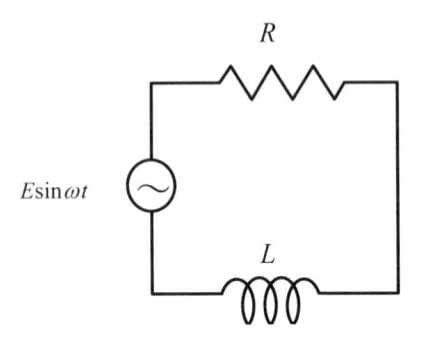

図 7-4 コイルと電気抵抗の直列回路に交流電圧を加える。

$$I(s) = \frac{E}{R^2 + \omega^2 L^2}\left(-\omega L \frac{s}{s^2 + \omega^2} + R\frac{\omega}{s^2 + \omega^2} + \omega L \frac{1}{s + R/L}\right)$$

とすると、ラプラス変換の表が利用できて

$$I(t) = \frac{E}{R^2 + \omega^2 L^2}\left(-\omega L \cos\omega t + R\sin\omega t + \omega L e^{-\frac{R}{L}t}\right)$$

と計算できる。文字式で表現すると、ちょっと複雑であるが、実際の工学的応用の場では、L, R, ω の具体的な数値が与えられるので、計算はもっと簡単になる。

補遺 7-1 　ラプラス逆変換

　ラプラス変換の応用においては、フーリエ変換と異なり、定義式をつかって逆変換する操作は通常行わない。その理由は、逆変換がそれほど簡単ではないからである。本文でも紹介したように、実践ではラプラス変換表を利用して逆変換を求める。ただし、逆変換について定義を知っておくことも必要である。そこで、ここではフーリエ逆変換を応用してラプラス逆変換式の導出を行う。
　ラプラス変換の定義式は

$$F(s) = \int_0^\infty f(x)\exp(-sx)dx$$

である。フーリエ変換と逆変換の対は

$$\alpha(\omega) = \int_{-\infty}^\infty f(x)\exp(-i\omega x)dx \qquad f(x) = \frac{1}{2\pi}\int_{-\infty}^\infty \alpha(\omega)\exp(i\omega x)d\omega$$

であった。ここでラプラス変換の逆変換を考えるためにフーリエ変換を参考にしよう。ラプラス変換の変数として複素数も認めて

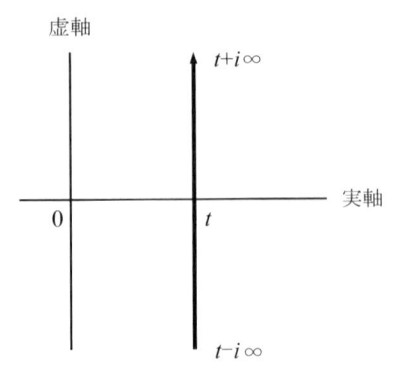

図 7A-1 ラプラス逆変換の積分路。実軸の t は固定し、虚軸に沿って $-\infty$ から ∞ まで積分する。

$$s = t + i\omega$$

とおく。これを、最初のラプラス変換の式に代入すると

$$\mathcal{L}(f(x)) = F(s) = F(t + i\omega)$$
$$= \int_0^\infty f(x)\exp(-tx - i\omega x)dx = \int_0^\infty f(x)\exp(-tx)\exp(-i\omega x)dx$$

と変形することができる。すると、右辺は $f(x)\exp(-tx)$ のフーリエ変換になることが分かる。ただし、正確には積分範囲が違うので

$$g(x) = \begin{cases} f(x)\exp(-tx) & (x \geq 0) \\ 0 & (x < 0) \end{cases}$$

という関数のフーリエ変換となる。ここで

$$F(t + i\omega) = \int_{-\infty}^\infty g(x)\exp(-i\omega x)dx$$

とすると、このフーリエ逆変換は

$$g(x) = \frac{1}{2\pi}\int_{-\infty}^{\infty} F(t+i\omega)\exp(i\omega x)d\omega$$

と与えられる。よって

$$f(x)\exp(-tx) = \frac{1}{2\pi}\int_{-\infty}^{\infty} F(t+i\omega)\exp(i\omega x)d\omega$$

となり、$\exp(-tx)$ を移項すると

$$f(x) = \frac{1}{2\pi}\int_{-\infty}^{\infty} F(t+i\omega)\exp(tx)\exp(i\omega x)d\omega = \frac{1}{2\pi}\int_{-\infty}^{\infty} F(t+i\omega)\exp(t+i\omega)xd\omega$$

となる。ここで、最初に $s = t + i\omega$ という置き換えを行ったが、フーリエ変換の変数においては ω が重要であるので、実数の t は固定して考える。このとき $ds = id\omega$ となり

$$f(x) = \frac{1}{2\pi}\int_{-\infty}^{\infty} F(t+i\omega)\exp(t+i\omega)xd\omega = \frac{1}{2\pi i}\int_{t-i\infty}^{t+i\infty} F(s)\exp(sx)ds$$

がラプラス逆変換を与える式となる。

索引

あ行
運動方程式　116
演算子　201
オイラーの公式　31, 126

か行
ガウス関数　221
ガウス積分　210
重ね合わせ　10
加法定理　96
関数の内積　99, 155
奇関数　89
基本振動　45
逆演算　202
級数展開　15
共役　37
境界値問題　105, 219
虚数　31, 33
偶関数　91
区分求積法　161, 187
グラムシュミットの正規直交化法　101
原関数　228
合成積　204
項別積分　29
コーシーの積分定理　195
コンボルーション定理　206

さ行
三角関数　21, 49
三角関数の級数　47
三角関数の微分　26
指数関数　19
指数関数の微分　28
自然対数　20
実フーリエ係数　155

周回積分　166
周期関数　47, 66
収束　38
収束条件　42
収束性　94
収束半径　42
初期値問題　105
初等関数　26
ステップ関数　191
スペクトル分光　46
スペクトル分析　10
正規化　56
正規直交化基底　56, 139
正規直交関数系　56
正規分布　221
正則関数　198
積分　29
絶対可積分　182
線形性　202
像関数　227
双曲線関数　126

た行
たたみこみ積分　204
単位円　37
単一パルス信号　172
単振動　23
直交関係　52
直交関数系　54
定常状態　122
ディラック　189
ディリクレの条件　94
デルタ関数　174, 189
電気回路　241
伝達関数　241

索引

特異点　179, 195

な行

内積　54
ナブラ　122
2階偏導関数　123
2項定理　19
2重フーリエ級数　92, 151
ニュートンの冷却の法則　111
任意関数　105
任意周期　148
任意周期のフーリエ級数展開　77
熱拡散率　109
熱伝導度　107
熱伝導方程式　103, 107
ノルム　55

は行

パーシバルの等式　151
波数　45
波動方程式　114
半無限区間　218
微積分　81
比熱　109
微分　26
微分不可能　83
微分方程式　22
フーリエ解析　9
フーリエ逆変換　169, 182
フーリエ級数展開　15, 45, 60
フーリエ級数の積分　86
フーリエ級数の微分　81
フーリエ係数　48, 110
フーリエコサイン級数　92
フーリエコサイン変換　212
フーリエサイン級数　91, 110, 117, 131
フーリエサイン変換　214
フーリエ積分　163

フーリエ変換　158, 169, 182, 201
フーリエ変換対　182
複素共役　138
複素積分　178, 194
複素フーリエ級数　148
複素フーリエ級数展開　136
複素フーリエ係数　137
複素平面　35
部分積分　62
プリズム　46
不連続点　66, 86
べき級数　15
べき級数展開　15
ベクトル　54
ヘビサイド　191
偏角　36
変数分離法　124
偏微分方程式　103, 206
方形波　76

ま行

無限級数　38

ら行

ラプラシアン　122
ラプラス逆変換　228, 243
ラプラス変換　226
ラプラス方程式　121
離散的な分布　166
留数定理　179, 199
ローラン級数展開　199
量子力学　115

著 者:村上 雅人［むらかみ まさと］
　　　1955年,岩手県盛岡市生まれ.東京大学工学部金属材料学科卒,同大学工学系大学院博士課程修了.工学博士.超電導工学研究所第一および第三研究部長を経て,2003年4月から芝浦工業大学教授.東京海洋大学客員教授.超電導工学研究所特別研究員.
　　　1972年米国カリフォルニア州数学コンテスト準グランプリ,日経BP技術賞,World Congress Superconductivity Award of Excellence,岩手日報文化賞ほか多くの賞を受賞.
　　　著書:『なるほど虚数』『なるほど微積分』『なるほど線形代数』など「なるほど」シリーズを十数冊のほか,『日本人英語で大丈夫』,編著書に『元素を知る事典』(以上、海鳴社),『はじめてナットク超伝導』(講談社,ブルーバックス),『高温超伝導の材料科学』(内田老鶴圃),『超電導新時代』(工業調査会).

なるほどフーリエ解析
　2002年 3月 8日　第1刷発行
　2024年 4月 5日　第5刷発行

発行所　㈱海鳴社　http://www.kaimeisha.com/
　〒101-0065　東京都千代田区西神田2-4-6
　電話　(03) 3234-3643 (Fax 共通)　3262-1967 (営業)
　Eメール:kaimei@d8.dion.ne.jp　振替口座:東京 00190-31709

発行人:辻 信 行
組　版:海 鳴 社
印刷・製本:㈱シナノ

JPCA 日本出版著作権協会
http://www.e-jpca.com/

本書は日本出版著作権協会(JPCA)が委託管理する著作物です.本書の無断複写などは著作権法上での例外を除き禁じられています.複写(コピー)・複製,その他著作物の利用については事前に日本出版著作権協会(電話 03-3812-9424, e-mail:info@e-jpca.com)の許諾を得てください.

出版社コード:1097
ISBN 4-87525-203-X

© 2001 in Japan by Kaimei Sha
落丁・乱丁本はお買い上げの書店でお取替えください